所有的努力
只为遇见更好的自己

李旭影 编著

吉林文史出版社
JILIN WENSHI CHUBANSHE

图书在版编目（CIP）数据

所有的努力只为遇见更好的自己 / 李旭影编著. --
长春：吉林文史出版社, 2019.8
ISBN 978-7-5472-6502-4

Ⅰ.①所… Ⅱ.①李… Ⅲ.①成功心理－通俗读物
Ⅳ.①B848.4-49

中国版本图书馆CIP数据核字(2019)第158817号

所有的努力只为遇见更好的自己
SUOYOUDE NULI ZHIWEI YUJIAN GENGHAODE ZIJI

编　　著　李旭影
责任编辑　高冰若　张涣钰
封面设计　李　荣
出版发行　吉林文史出版社有限责任公司
地　　址　长春市净月区福祉大路5788号
网　　址　www.jlws.com.cn
印　　刷　天津海德伟业印务有限公司
版　　次　2019年8月第1版　2019年8月第1次印刷
开　　本　880mm×1230mm　　1/32
字　　数　148千
印　　张　6
书　　号　ISBN 978-7-5472-6502-4
定　　价　32.00元

前　言

小故事，大智慧，智慧是创造成功的源泉。这是一个人人追求成功的时代，智慧的力量具有创造成功态势的无穷魔力！

美国著名成功大师戴尔·卡耐基说："只要你想成功，你就一定能够成功。"

美国著名潜能学权威安东尼·罗宾斯说："成功总是伴随那些有自我成功意识的人！"

事实也是这样，如果一个人连敢想、敢做和敢干的心理准备都没有，那还谈何成功呢？

成功是一种无限的高度，成功是一种追求的过程。可是很多人不敢去追求成功，不是他们追求不到成功，而是因为他们心里面默认了一个"高度"，这个高度常常暗示自己的潜意识：成功是不可能的，这是没有办法做到的。

"心理高度"是人无法取得成就的根本原因之一。人生要不要获得跳跃？能不能跳过人生的高度？人生能有多大的成功？人生能否实现自我超越？这一切问题并不需要等到事实结果的出现，而只要看看一开始每个人对这些问题是如何思考的，就已经知道答案了。

成功可以说是人生的一种最高境界，在生命中，我们每个人

都有梦想，也许是财富，也许是健康，也许是爱情、家庭或者幸福……当你拥有了其中之一时，都可以算是取得了成功。

然而，成功并不是依靠幻想就能得到的，它需要你懂得成功的原理，否则幸运将不会降临在你身上，因为成功的机遇不多，只有懂得成功原理的人才能抓住机遇。

"来而不可失者，时也。蹈而不可失者，机也。"看到机遇是一回事，能不能抓住和利用好是另外一回事。要想赢得优势、赢得未来，就必须重视机遇，抓住机遇。我们只有把握机遇，顺时而动，才能乘势而上，从而掌握自己的命运，开创美好的未来。

在这个追求成功的时代里，我们需要懂得成功的方法，更需要学习成功的事迹，用以开启成功智慧的行为。成功不在我们追求的终点，也不在遥不可及的高处，它就在你追求的过程之中。

目　录

第三章　年轻就是人生最大的资本

第四章　珍惜眼下，抓住当前

第五章　以积极的心态去面对生活

第六章　付出总有回报，努力才有未来

第七章　苦尽才会甘来，想要成功必须吃苦

第一章

给梦想插上起飞的翅膀

梦想是一颗充满生机的种子

有时候，我们发现，在很多事情上，如果我们不自觉地想象成一种样子，那事情往往就真的会按我们想的那样发展。更奇怪的是，某些我们总是担心的事情，也总会变成事实。为什么呢？因为，当我们担心什么的时候，总是发自内心地，源自潜意识地，强烈地相信。而这种相信正是最强大的意识能量，它将影响事情的结果。

你所相信的，就是真的

我们必须有意识地努力培养自己内在的信念，使它在正向上越来越强大。当你不自觉地能从正向上相信一件事情更好的一面，而不是怀疑，那么，你就慢慢步入了心想事成的境地。

有人可能对此不屑，意识能影响外界？事实上，你去了解一下那些能心想事成的人，他们都有一个共同点，那就是，他们百分百相信自己能实现梦想，那相信是发自内心的，是源自潜意识的，而不是大脑思考的结果。也就是说，他们不自觉地就在意识中相信自己的梦想能成真，几乎从不怀疑。

他们总是为梦想付出持续的努力和热情，无论遇到什么困难，决不退缩。他们几乎所有的行为都始终围绕着那个梦想。

1972 年，尼克松竞选连任。由于他在第一任期内政绩斐然，所以大多数政治评论家都预测尼克松将以绝对优势获得胜利。然而，尼克松本人却很不自信，他走不出过去几次失败的心理阴影，极度担心再次出现失败。在这种潜意识的驱使下，他鬼使神差地做出了后悔终生的蠢事。他指派手下的人潜入竞选对手总部的水门饭店，在对手的办公室里安装了窃听器。事发之后，他又连连阻止调查，推卸责任，在选举胜利后不久便被迫辞职。本来稳操胜券的尼克松，因缺乏自信而导致惨败。

除此之外，信念的出发点很重要。你要不断省视自己的信念，它是否出自善，出自利益他人，利益社会，是否是为了使自己使他人更加美好，至少那不能是出自损人利己。否则，那将是一条通向黑暗世界的不归路。

清楚自己的方向在哪里

那些不能如愿的人是如何做的？他们总想空手套白狼，甚至总想坐享其成。而很多时候，事实上，他们所谓的想，只是大脑中，思考中认为应该，而在很多时候，他们也知道那似乎不现实。只是自己想侥幸。

你要知道，要实现你的任何梦想，你除了有强烈的愿望，内心最深处相信，潜意识中相信之外，你要为这个梦想，这个想法，这个心愿的实现，创造一个实现的载体。而这个载体就是你的努力持续行动。

你去看看，所有的创造发明过程，你就知道其中的秘密。那些创造者，科学家，研究者，他们全身心投入，充满热情，持续努力，费尽心力，很多人数十年如一日。那是何等强烈的信念和热情行为？他们的信念之强大，他们的行为载体之强大是一般人所做不到的，而正是因为他们那样强大的信念、热情和持续努力

使他们实现一个个伟大的创造和发明。

而你呢？如果还在抱怨，不妨反思一下，对比一下。

你期望什么？你相信它吗？你内心最深处，你的潜意识中百分百相信它吗？你是否不自觉地就相信它是真的？记得持续努力！如果你还是会不自觉地怀疑它的可能性，很可惜，你需要走的路或许还很多！那么，加油吧！不断成长，不断修炼，直到使你自己不自觉地相信那是真的。

志不立则智不达

"你打算将来干什么?"这是生活中出现频率较高的问题之一,尤其是面对朝气蓬勃的青少年。的确,理想和未来对每一个人来说既是一个让人伤脑筋的问题,又是一个十分关键的问题。

人只有有了志向,生活才会有芳香,人生的价值、意义和境界,才能在对志向的追求过程中得到好的体现。所以,要敢于把自己的人生目标定位到成才的坐标之上并为之不断地去努力。只有这样,自己的人生才会更加丰富而充实;只有这样,才能更加完善自己的人生。

成长首先须立志

人们常把"人无志不立""志不立,天下无可成之事"之类的话语当作自己的座右铭,这里所说的"志"其实就是人们心中那个确定目标,以及要为之奋斗的决心与坚持。立志就是让一个人从大地上站立起来;从懵懵懂懂中清醒过来;从浑浑噩噩中悔悟过来;从艰苦之中卓然挺立起来。立志是一种自我警醒,是成就自我的关键也是最基本的一步。或许你目前一无所有,一无所成,这些都无关紧要,最重要的是有志向。

我们都知道,每个人在心里定义的人生成功都是不一样的。但无论这个定义有多广泛,有一点是不会改变的,那就是在相同

的条件下，不管选择了怎样的人生道路，事先有没有目标其结果大不一样。有些人的生活完全没有目标，有些人只计划眼前几天的日子，但现实的生活总会神奇地将它与那些有明确目标并且能持之以恒的人区别开来。所以，一个人在成长的过程中，首先须要立志。

古语有云："凡事预则立，不预则废。"观察你的周围就不难发现，很多人不单对自己没有什么要求，而且还沉沦在迷惑颠倒中。有人喜欢打网络游戏，只要一碰触到鼠标，精神状态就能一下子进入忘我的境界，可以废寝忘食，两耳不闻窗外事。他们有着无比的决心，强大的意欲，不"打到痛快"誓不罢休，希望创出纪录，来肯定自我的价值。相反，一位高考状元曾经这样说："人要树雄心，立大志，当我上中学时，就立志将来上重点大学；当我选择了文科后，就立志上北京大学；当我名列前茅时，就立志拿文科状元；当我拿到北大的录取通知书时，就立志继续深造，向更高的学位攀登。"他就是在这样一种不断确立目标、不断追求、不断实现目标的过程中体会学习的成功与快乐。所以，立志的人和没有志向的人在各个方向都不大相同，正因为如此，立志才把人区别开了，也才有了成功与失败之分。

鸟贵有翼，人贵有志。人的一生绝不能随波逐流，这样的生活方式对自身无任何好处，死后也会默默无闻不能为世人留下些什么。正因为如此，就要在年轻之时给自己定下志向，时刻保持激情，去追求那些可望而不可即的东西，努力去做旁人不敢做也无法做到的事情。

有志向方能成大事

一个人即便是出身贫寒，但只要有远大的志向、崇高的抱负，也能奋然前行，干出一番惊天动地的事业。一般情况下，对自己的要求越高，取得的成就越大；对自己的要求低，取得的成就则小，甚至会一事无成。

英国杰出的物理学家法拉第确定电磁感应的基本定律，从而奠定了现代电工学的基础。此外，有磁致旋光效应等多项重大发现。然而，这位被大思想家恩格斯称作是"到现在为止的最大电学家"，却连小学大门都没有进去过。当同龄的伙伴都坐在教室时，他却一边卖报，一边认字。后来又自学了电学、力学和化学知识。他立志要在科学领域做一番成绩，于是就给赫赫有名的戴维教授写信表示："极愿逃出商界入科学界，因为据我想象，科学能使人高尚而可亲。"而当时的法拉第仅仅是一个装订图书的学徒工。

试想一下，如果法拉第没有远大的志向，世界也就少了一项如此瞩目的科学了。当然，在这个世界上，每一个人都是独一无二的。不同的性格、不同的气质、不同的爱好也决定着每一个人不同的志向。

有志向虽然是人生成功的关键因素之一，但不要忘记在立志与成功之间，还需要坚持不懈、努力奋斗。如果做语言的巨人，行动的矮子，那么再宏伟的志向也只能是海市蜃楼。唐代的高僧鉴真东渡日本弘扬佛法，历尽磨难，前五次均告失败，但他并没有放弃，屡败屡起，直到第六次，终于到了日本，把唐朝的文化带到日本，他本人也成了日本佛学中律宗的创始人。所以，在为自己立下志向之后，一定要坚定信念，将理想化为现实。

一个人将来能不能有作为，有可能决定于他青年时期有无志

向。志向的来源并不是他少年时是否有成就大事业的气质，而在于他有没有成就大事业的方向和一颗相信自己、永不退缩的心。所以说，尽早地指定一个属于自己的志向，是获得成功的最有效的方法。

坚持和挑战达成梦想

要想成功，要想与众不同，要想创新就不能在乎别人如何看你。

大画家凡·高当时被人们认为是一个疯子。不仅仅是他，世界上的很多伟人在刚刚开始时，或许也被视为异类。因为他不平凡，当然不被平凡人理解。

目标是赢得成功的前提

"志不坚者智不达"，这句话非常有道理。伟大之人之所以伟大，最关键的就是其具有坚强的意志，他们的目标一旦确定后，就会坚持自己的理想，直到成功为止。正如发明家爱迪生所说："伟大人物最明显的标志，就是他坚强的意志，不管环境变换到什么地步，他的初衷与希望仍不会有丝毫的改变，而最终克服困难，以达到预期的目的。"

意志是为了达到既定目标而自觉努力的心理能力。在心理学上，健康人格可以划分为智慧力量、道德力量、意志力量三种人格力量。坚强的意志正是成功核心品质。正如郑板桥在《竹石》一诗中对意志所做的生动形象的解释："咬定青山不放松，立根原在破岩中。千磨万击还坚劲，任尔东西南北风。"这种意志虽然不是写他为了自己的理想永不放弃，但同样的，追求自己的理

想就要有这种"咬定青山不放松"的坚强意志。

英国前首相本杰明·迪斯雷利原本是一名并不成功的作家，出版数部作品却无一能给人留下深刻印象。文学上的失败让他认清了自己，几番周折后，他决定涉足政坛，决心成为英国首相。他克服重重阻力，先后当选议员、下议院主席、高等法院首席法官，直至 1868 年实现既定目标成为英国首相。

杰明·迪斯雷利成功后，有人问他成功的秘诀，对于自己的成功，在一次简短的演说中迪斯雷利一言以蔽之："成功的秘诀在于坚持目标。"明确而坚定的目标是赢得成功、有所作为的基本前提，因为坚定目标的意义，不仅在于面对种种挫折与困难时能百折不挠，抓住成功的契机，让梦想一步步变为现实，更重要的还在于身处逆境能产生巨大的奋进激情，使自己的潜能得到最大发掘与释放。

爱默生说："一个伟大的灵魂要坚强地生活，也要坚强地思想。"他就是用这句话来警示人们要远离脆弱，多一些挺进的勇气和思想的坚韧。爱默生的思想环境其实比我们好得多，但他还是感到没有坚强的意志就难以坚持自己的追求。

他认为，一个人要坚定地走自己的路，要情愿忍受苦难地走自己的路，这样才不会在世俗面前庸俗下去。何况，人在思想旅途中又常常会气馁、彷徨。面对身外身内的敌人，如果缺少思想韧性，就会从挑战、质疑、叩问中变成迎合、俯就、媚俗，完全失去创造者高贵的特征，生命也就不再具有质量的话题。

《世界上最伟大的推销员》的作者奥格·曼狄诺写道：我不是为了失败才来到这个世界的，我的血管也没有失败的血液在流动，我不是牧人鞭打的羔羊，我是猛狮，不与羊为伍。我不想听失意者的哭泣，抱怨者的牢骚，这是羊群中的瘟疫，我不能被它传染。失败者的屠宰场不是我命运的归宿。

如果说人生是一本书，那么超越自我、挑战极限便是书中最美丽的彩页。如果说人生是一场电影，那么超越自我、挑战极限便是戏中最精彩的一幕。

古今中外，那些有所成就的人，往往并不像外表那样风光无限，有些人每天都是在风险中度过的，每时每刻在内心做好迎接挑战的准备。但是，他们有勇气继续挑战自己，努力超越自己。让自己时时刻刻都拥有挑战极限的野心。宋代伟大的文学家苏轼说过"古之成大事者，不唯有超世之才，亦有坚忍不拔之志"，这讲的就是坚强在事业成功过程中的作用。

爱迪生60岁时，他的实验室由于一场火灾，将所有的设备毁于一旦，可是他却没有因此止步不前，并且在短短几个月以后就推出了世界上第一部留声机。爱迪生之所以能名垂千古，就是因为他的坚韧，无论遭遇多少困难，都坚持不屈不挠地进行着他的事业，他的气场中具有超越自我、挑战极限的野心。李白说过："乘风破浪会有时，直挂云帆济沧海。"只要我们具有在逆境中挑战自我、超越自我的精神，我们就会做到最好。

在现实生活中，尽力而为往往只是为了完成任务，但如果我们想要的是挖掘自己所有的潜力去实现自己心中的理想，实现人生的目标，那么我们的工作就不仅仅是为了完成任务，而是为了挑战极限、跨越目标、超越梦想。勇于挑战极限，犹如脉动的青春，娇艳而美丽。不经历风雨，怎能见彩虹。一个挑战极限而取得成功的人，身上会具有无限魅力的光环笼罩着他，那是因为在挑战无数的困难中，他形成了自己坚强的气场。

每个人都是命运的主宰者，我们修炼出坚强的气场，能在困境中寻找机遇，在痛苦中超越悲哀，在成功中欣赏美丽。作为一个生活在"顺境"中的人，决不应当使自己满足于现实，停滞在安乐之中。

一个人具备了坚定的信念，才有资格成为自己命运的主宰者，这世上也只有其具备强大坚持力的人才能拥有一切，才能达成终极的成功。

大凡成功者的字典里都没有放弃、不可能、办不到、没法子、成问题、行不通、没希望、退缩这类字眼。他们在奋斗的过程中，都是尽量避免绝望，一旦受到它的威胁，他们就会立即想方设法向它挑战。

当你被周围的人视为疯狂的时候，你几乎已经开始成功了。但是一般人太在乎别人如何看他。害怕别人对他的批评，处处受到限制，如何能成功呢？所以，在面对众人对你的讥讽与嘲笑时就坚持自己的原则，说不定下一步就是成功。

希望能给人无穷的勇气

人要活在希望里，哪怕你的希望在不停地破灭，也要鼓足勇气去继续寻找并构建新的希望。只有这样，生活才会变得充满张力、人生才会丰富而又多彩。什么是希望？希望就是这样的一种东西，无论你自由还是不自由，在困境中或是在悠闲地享受生命，还在挣扎着抑或是已经将一切置之度外，你都可以拥有，并让你可以更加坚强地面对现实。希望是美好的，只要我们心中充满希望，任何困境都可以征服，只要心中充满希望，我们的心就永远年轻。所以，人是要活在希望当中的。

立足现实，构建一个新希望

希望是梦想，是理想，是志向……是一个值得让自己去努力奋斗的目标和方向。它不一定会很大，但却是生命的需要，或者说是支撑。生命只有在追逐希望的过程中才能感受到它的存在并体现出其意义，一旦没有了希望，那它就会变得虚无且缥缈。就像万物生长所需要的太阳，虽然不能每天都会如期的出现，一旦没有了它，世界将会变得黑暗且荒芜。不经历风雨，怎么见彩虹，阳光总在风雨后，只要努力，只要坚持，只要心存希望，梦想终将变成现实。

只要心中充满希望，就有可能成就不平凡的事业。巴顿将军

曾说过："一个不想当将军的士兵不是一个好兵。"将军是每一个军中男儿的梦想，是戎马生涯里的最高荣誉。它召唤着一代又一代军人为之奉献了自己的青春和热血，造就了无数可歌可泣的动人篇章。虽然并不是所有的军人都能成为将军，但他们心怀希望不断奋斗的历程却值得人们去学习。

希望对于年轻气盛的青少年来说，一定要立足于现实，切忌好高骛远。因为任何一个愿望的实现都是必须具备一定的条件的。因此，当要构建一个新希望时，必须立足现实，去伪存真，找准差距，精详细划，明确方向。否则就是梦幻泡影，水中捞月。敬爱的周恩来总理在少年时就树立了"为中华之崛起而读书"的远大志向，最终经过不懈的努力得以实现。乱世救国，是热血男儿的责任；追求真理，是成就伟业的方向。由此可见，周总理的志向是远大的，也是现实的。如今的国家兴旺发达，人民安居乐业，那么，你的希望只要有益于个人的成长进步、有益于家庭的幸福安宁，有益于社会的繁荣昌盛，就是现实的。所谓山不在高、水不在深，只要心存希望，就能在你奋斗、实现与跨越的过程中体现出生命的价值。

希望是勇气，是信心，是力量……当挫折与失望对你纠缠不休时，当梦想一再破灭时，不妨给予自己新的希望，重拾行囊，怀揣坚强的意志和不屈的信念，勇敢地启动新的征程，去迎接明天那一轮崭新的太阳。

亚历山大大帝，曾带给希腊和东方世界文化的交流契机，开辟了一直影响至今的丝绸之路。据说他投入了全部的青春热情与希望，出发远征波斯之时，曾将他所有的财产分给了群臣。为了登上讨伐波斯的漫长征途，他必须购买种种军需品和粮食等物，为此他需要巨额的资金。但他把珍爱的财宝和自己领有的土地，几乎全部分给了臣子。群臣之一的庇尔狄迦斯感觉奇怪，于是就问亚历山大大帝："陛下带什么启程呢？"对此，亚历山大回答说："我只有一个财宝，那就是'希望'。"庇尔狄迦斯听过此话之后，说："那么请允许我们也来分享它吧。"于是，他谢绝了分配给他的财产，而且臣下中的许多人也模仿了他的这种做法。

所以说，人生不能无希望，所有的人都要生活在希望当中。假如有人生活在无望的人生当中，那么他只能是失败者。其实，人很容易遇到失败或障碍，如果悲观失望，那么在严酷的现实面前，就会唉声叹气、牢骚满腹，甚至失掉活下去的勇气。

心存希望，走向成功

生活的轨道原本就是一条曲折而又坎坷的泥泞之路。自降生起，你便在这泥泞的道路中寻找自己所追求，所向往的梦想……当你回头望去，看到的是一个个的脚印，或深或浅，它们时常提醒或暗示着你——你所走过的路，一定要充满希望！

史蒂芬·霍金，1942 年 1 月 8 日出生于英国，1963 年被诊断患了"卢伽雷病"，不久就完全瘫痪，被迫长期禁锢在轮椅上。1985 年，又因患肺炎进行了穿气管手术。此后，他完全不能说话，只能靠安装在轮椅上的一个小对话机和语言合成器与他人进行交谈，而看书必须依赖一种翻书页的机器。在这种一般人难以置信的艰难中，他成为世界公认的引力物理科学巨人，提出了著名的"黑洞理论"。他的成就是令人惊叹的，于是 1974 年理所当然地当选为英国皇家学会最年轻的会员，1979 年任剑桥大学路卡讯讲座教授——牛顿曾经也担任过的这样的职位，后来还有着"继爱因斯坦以后世界上最杰出的理论物理学家"美誉。

所
有
的
努
力
只
为
遇
见
更
好
的
自
己

　　大部分人是从畅销的科学书籍《时间简史》才开始了解霍金的。1988 年他撰写了《时间简史》，迄今已被译成 30 多种语言，在全世界发行超过 2500 万册。不久前，他的新著《果壳中的宇宙》问世，并获得了"安万特科学图书奖"。像他的新著《果壳中的宇宙》，题名出自莎士比亚戏剧《哈姆雷特》中一句台词："我即使被关在果壳之中，仍自以为无限空间之王。"霍金的回答大多简洁明了，也不乏睿智和幽默。一位记者希望霍金预测下世纪最伟大的科学发现会是什么，霍金说："如果我知道，我就已经把它做出来了。"场内一片笑声，而霍金接下去的话又耐人寻味，使人体味到科学中蕴含的哲理思想，他说，"科学发现是某种不可预料的东西，将非常奇异的到来，它是由想象力的跳跃组成的，科学就是这样的发展。"

　　也许，我们会埋怨上天的不公，让一个风华正茂的青年禁锢于轮椅上，剥夺了他本应与同龄人一样拥有的朝气、自由与美好的前途。也许，我们有过这样一个疑问：如果没有疾病的折磨，也没有被禁锢于轮椅上，霍金会不会有比现在更伟大的科学成就？相信人们都希望听听霍金本人对这个问题的看法。他的回答是："我认为我的科学研究没有多大影响。自《时间简史》之后，我的科学观点得到发展，但是没有根本性的改变。"当记者问霍金，除了科学研究带来的乐趣之外，生活中最大的快乐是什么时，他回答说："我享受生活，热爱生活，巨大的快乐来自对生活充满希望和我的家庭。"

　　今天，霍金所获得的巨大成就，是他与不公命运斗争的结果。同时，也告诉了我们：不要被命运绳索所束缚，应该把命运紧紧地握入手中，自己去争取属于自己的！而这一点就需要有勇气，有希望。记得培根曾说过："灰心生失望，失望生动摇，动摇生失败。"所以，拥有坚定的希望才是最关键的。

曲折的生活道路在霍金的人生中，随处可见。可他并没被这些困难所压倒，而是毅然凭着自己的信念坚强地走了过来。看看霍金脸上的沧桑和笑容，四肢健全、青春活力的你们还有什么可以去埋怨呢？只要心中有希望，有理想，有意志，还有什么不能解决的呢？

所以，心中长存希望，就会有追求，有追求就有了意义，有了价值，你也就能走向成功的彼岸。

身处逆境而不丢掉希望的人，肯定会打开一条光明之路，在内心里也能体会到人生的真正愉悦。在青少年逐步走向社会生活的路上，最重要的既不是财产，也不是地位，而是像火焰一般在自己胸中熊熊燃起的信念——希望。

第二章

目标长远，创造未来

只有不断地努力才能成功

有位哲人说：等待是一剂毒药，慢慢地品尝或许没什么味道，可是有一天它毒性发作，你便不知如何是好。一味地等待，是对自己心理的麻痹，是对自己生命的消耗。

在这个世界上，有很多事情是可以等待的。当黑暗的时候，你不能要求黎明马上来临，你只能等待，等待太阳的升起；当失败来临的时候，你不能要求成功之神马上降临，这时候，你还能等待吗？等待成功的机会来到自己的面前吗？

过去的已经过去，将来的日子我们无法掌控，所以，该努力的，我们抓紧努力。不要总是以为我们有大把的时间可以"等"。

不要在煎熬中生活

等待，是在跟时间竞赛，是在煎熬中生活，是在跟自己的生命做对。一个人一旦习惯了等待，是非常可怕的，等待自己的长大，等待幸福之神的降临，等待好机遇的到来，等待好日子的"造访"，等待……这样的等待，会让人懒惰，让人懒散，就像一剂毒药，千万不可尝试。

生活不能等待，等来的只会是一场空。人并不是总在偶然的生活中度过。

曾有这样一个相似的故事，道出了等待的可怕。

　　一个探险队在森林里看到一位农夫一直坐在树桩上。于是上前打招呼："老人家，你一直坐这做什么呢？"农夫回答道："我在等，等待发生一场地震，把土豆从地里翻出来。"

　　"这能等到吗？就是气象观测人员有时候都不能准确预测到的，你曾经等到过吗？"

　　"有一次我砍树，但就在这时风雨大作，刮倒了许多参天大树，省了我不少力气。"

　　"您真是幸运！"

　　"您可说对了，还有一次，闪电把我准备焚烧的干草给点着了！"

　　"所以现在……"这和那个守株待兔的农夫如出一辙，靠"等"来收获成果，简直是痴人说梦。只有放弃这种思想，靠自己的努力，才能掌握自己的命运。

　　在一场拳王争霸赛上，两名拳击手为了争夺拳王的地位而进行较量。拿以前的战绩来比较，两个人势均力敌。但是，比赛一开始，就出现了一边倒的局面。其中一名选手被对手打得毫无还手之力，只能消极的防守。第一回合结束了，面对教练员，他不等教练询问，便解释自己的战术思想，说自己一直在等待对手出现失误，然后给予其致命一击。

　　一直以来，他都在坚守自己的战略思想。在此后的几个回合中，一直等待着合适的时机，但面对对手的疯狂进攻，他只能防守，可是根本找不到对手的破绽。

　　终于，在最后的一个回合中，教练实在看不下去了，直接对他说道："你到底想夺得拳王金腰带，还是想角逐诺贝尔和平奖！"

　　也许那个拳击手的战术思想是对的，但面对对手疯狂的进

攻，这样做无异于自杀！

当今社会处处充满了竞争，要想立于不败之地，机遇是极为重要的。合适的时机随时存在，但它却很少青睐那些只知道等待的人。机会需要人们去寻找，去创造，等待是不可取的，等来的结果只是黄粱一梦。天上不会掉馅饼，幸福永远不会属于那些只知道等待的人。

成功离你只是一步之遥

什么是成功？什么是成功的人？

成功需要人们通过行动达到预期的愿望和目标，其含义在于进取、突破和发展。

成功的人就是今天比昨天富有智慧的人，今天比昨天更慈悲的人，今天比昨天更懂得爱的人，今天比昨天更懂得生活美的人，今天比昨天更懂得宽容的人。

美国未来学家尼葛洛宠帝说：预见未来的最好办法就是创造未来。

道理相同，想要成功的人不是一味地空想，不是"执着"地等待，而是靠创造和行动，更重要的还是靠自己。

在21世纪，成功不但要比资本，还要比远见、比智慧、比修养，人的素质已成为成功的根本因素。就是说，在新的时代，成功要取决于一个人设定的人生目标，取决于他的人生智慧，取决于他的全面修养。善于发现自我、活化自我、完善自我、超越自我的人，是未来必然的成功者。

在英国的利物浦市，有个叫科莱特的青年考入了美国哈佛大学。在大学期间，有个美国小伙子常和他坐在一起听课。

在大二的那一年，这位小伙子和科莱特商议，一起退学，去开发 32Bit 财务软件，因为新编教科书中，已解决了进位制路径转换问题。当时，科莱特感到十分惊讶，到这来是为了求学，可不是玩的。并且，对于 Bit 系统，教授也只是略懂了一点，不学完全课程是不可能的。因此，他婉言拒绝了那位美国小伙子的邀请。

可是，十年后，科莱特已经从哈佛大学毕业，而且成为计算机系 Bit 方面的博士研究生。那位退学的小伙子也在同一年，进入了美国《福布斯》杂志亿万富翁排行榜。

在科莱特攻读博士后，那位美国小伙子的个人资产，在这一年则仅次于华尔街大亨巴菲特，达到 65 亿美元，成为美国第二富翁。

在科莱特认为自己已具备了足够的学识，可以研究和开发 32Bit 财务软件的时候，那位小伙子则已绕过 Bit 系统，开发出 Eip 财务软件，它比 Bit 快 1500 倍，并且在两周内占领了全球市场，这一年他成了世界首富。一个代表着成功和财富的名字——比尔·盖茨也随之传遍全球的每一个角落。

这位闻名世界的首富，就是靠着自己的智慧和行动，走向了成功的道路。人的命运如掌纹，弯弯曲曲，却握在我们自己的手中，但不可坐以待毙，等待上天的安排。

你是自己的发动机，你让自己变得非常有力量，和别人不一样。

有些事，完全取决于你自己的心态，你自己的态度。成功要靠自己，自己的事必须自己做。从现在开始，立即行动，相信自己，成功由你自己决定。

对一件事，如果等所有的条件都成熟才去行动，那么也许会

永远等下去，因为等待需要时间，时间越久，就越会出现更多的不成熟因素。不要再等待了，成功就在前方，也许它看上去像条无法逾越的大河，当你勇于跨越，其实只是一步之遥。

勇敢迈出走向成功的第一步

成功属于谁？属于那些充满自信、锲而不舍的追求者。他们永远全身心地投入、永远保持着高度的热忱。当然，要做到不屈不挠并不容易，人人都有脆弱的时候，没有必要永远硬着头皮保持一副硬汉形象。有时候，你的理想会显得那么遥不可及，或是看上去只是一个无法实现的幻想。原因很可能在于你自己太急于求成了。这时不妨放慢节奏，循序渐进。成功人士往往总比别人先行一步，日积月累，他们的身后便留下一串超越常人的值得骄傲的业绩。懂得了这个道理，才会成功。

有一个人欲到普陀寺去朝拜，以酬夙愿。

可是他距离普陀寺有数千里之遥。一路之上，不仅要跋山涉水，而且还要时时提防豺狼虎豹的攻击。

启程之前，徒众都劝他："路途遥遥无期，还是放弃这个念头吧。"

这个人肃然道："我距普陀寺只有两步之遥，何谓遥遥无期呢？"

众人茫然不解。

这个人解释道："我先行一步，然后再行一步，也就到达了。"

是啊，世上无论做什么事情，只要你先走出一步，然后再走

出一步，如此循环，就会逐渐靠近心目中的目标了。如果你连迈出第一步的勇气都没有，哪还谈什么成功呢？

你的下一步就可能是成功

有位名人曾这样说：成功取决于我们是否敢于迈出第一步。第一步是重要的，敢于迈出人生的第一步，你学会了走路；敢于迈上社会的第一步，你学会了处事、交际。可是，想要自己的人生光彩照人，就要敢想敢做敢走出第一步。如果你要比别人成功，你必须付出别人不能付出的艰辛和恒心，每天空想着自己要比别人强，要比别人成功，而不付诸行动，注定一事无成。

从现在开始，坚定你的理想，开始行动，迈出走向成功的第一步。

如何迈出成功的第一步你有想过吗？每个人都想自己是一个成功者，那么成功者的足迹都是成功的吗？那未必。很多成功人士的第一步都是从失败开始的。

而正是第一次的"失败"，让很多人对成功望而却步，不敢再迈出第二步。殊不知，你的下一步就可能是成功。

有两个兄弟，都想走向成功之路。有一天，他们遇到了时间老人，请时间老人为他们指明一条通向成功的道路。时间老人给他们指明后，就消失了。

两兄弟异常地高兴，回到家后，他们准备了一些干粮、水和衣服，就踏上了这条路。刚开始，两人走得很轻松，都认为想要成功并不是很难。可是，第二天就下起了雨。然而，两人想要成功的心情很迫切，都没有避雨，而是继续赶路了。由于下雨，路开始变得泥泞光滑。两兄弟时不时摔跤跌倒。

走着走着，老大摔倒的次数越来越多了。而老二摔了几次之后，就再也没摔倒过。

就这样，老二走进了成功的殿堂，老大还在成功之路的途中跋涉。老二回来后，老大问："老二，你为什么先成功了？我们走的是同一条路呀！"老二说："没什么，我摔倒了爬起来之后，不是急匆匆地继续赶路，而是先思考总结自己为什么会摔倒，以后怎样才能不摔倒。"老大听了，后悔极了。自己摔倒爬起来之后，总是急匆匆赶路，总以为这样会快点走进成功的殿堂，可结果却适得其反。

故事简单但道理深刻。每个人都想走向成功的道路，因此都要必须跨出第一步来。第一步是成功也好，是失败也罢，都需要摆正自己的心态，因为只有迈出第一步才会有第二步的到来，就越靠近成功。

比别人先行一步

尽管每一次的成功和收获，都要通过大量的努力和代价来实现，如果你害怕失败而不敢迎接挑战，那么你的斗志是不是就没有了呢？我们不应该碰到困难就不敢再向前，更不能想到种种困难就迟迟不敢迈步，每个人都有着自己的远大抱负，但慢慢地他们的这种心就消退了，就是因为他们给自己内心深处设下层层阻碍，考虑了很多失败的后果却忽略了那些成功后的成绩。

因此，明确了方向，确定了目标，就应该用实际行动去追求你的理想和目标。

一个专门以大型动物为目标的猎人遭遇到一只凶猛的孟加拉虎。由于那只老虎就在眼前，猎人忙不迭开了一枪，不过却打偏了。庆幸的是，老虎对着猎人扑过来时，竟也跳过了头，一下扑了个空。

猎人返回扎营的地点后，开始练习短距离射击。他决定不要因为毫无准备而丢掉一条命。

隔天，当他回到森林时，第一眼看到的仍是那只老虎。它正在练习短距离扑击。

很多成功的人，在做出决定的时候，往往总比别人先行一步，日积月累，他们的身后便留下一串超越常人的值得骄傲的成绩。人的发展是一个过程，绝非一蹴而就的事情。它需要我们付出很多琐碎的努力。在这个过程中，你必须依靠日积月累的办法，最终，这些琐碎的努力才会像涓涓细流汇聚为势不可挡的汹涌波涛，而且有的时候，成功的到来比你预计的要早。

每个人都想自己能够成功，我们也看到身边有很多人是多么优秀的成功者，我们只看到他们成功后的辉煌一面，却不知这些人背后隐藏着多少次的失败。要想取得成功，你就要有不怕失败的准备，因为这是迈开成功的第一步。

改变命运从改变自己开始

成功不是追求得来的，而是被改变后的自己主动吸引来的。突破自己固有的想法，靠自己拯救自己，用创新的眼光来看待这个世界，才是获得成功和快乐的新视角。

一条大河起初弯弯曲曲地在山区奔涌，当它改变自己的运动方向后才能自由地奔向浩瀚的大海，大河无法改变蓝天、风雨和山地，但它们勇敢地改变了自己，走向了辉煌。

由此可见，改变自己是如此的重要。而要成功，那就从改变自己开始吧。

一扇由内开启的改变之门

在英国斯威敏斯教堂地下室里，英国圣公会主教的墓碑上写着这样一段话：

当我年轻自由的时候，我的想象力没有任何局限，我梦想改变这个世界。

当我渐渐成熟明智的时候，我发现这个世界是不可能改变的，于是我将眼光放得短浅了一些，那就只改变我的国家吧！

但是我的国家似乎也是我无法改变的。

当我到了迟暮之年，抱着最后一丝希望，我决定只改变我的

家庭、我亲近的人，但是，唉，他们根本不接受改变！

现在临终之际，我才突然意识到：如果起初我只改变自己，接着我就可以依次改变我的家人。然后，在他们的激发和鼓励下，我也许就能改变我的国家。再接下来，谁又知道呢，也许我连整个世界都可以改变。

每个人的内心都有一扇只能由内开启的改变之门，这扇门从外面是推不开的，只能由内向外推。如果你不愿意打开这扇门，在外面无论如何动之以情，晓之以理，一切还是无效。想要改变自己，就要改变自己的这颗内心，更要深刻地领悟到"改变"的本质和意蕴。

有一条小河流从遥远的高山上流下来，经过了很多个村庄与森林，最后来到了一个沙漠。

它想：我已经越过了重重的障碍，这次应该也可以越过这个沙漠吧！

当它决定越过这个沙漠的时候，它发现它的河水渐渐消失在泥沙当中，它试了一次又一次，总是徒劳无功，于是它灰心了。"也许这就是我的命运了，我永远了到不了传说中那个浩瀚的大海。"它颓丧地自言自语。

这时候，四周响起了一阵低沉的声音："如果微风可以跨越沙漠，那么河流也可以。"原来这是沙漠发出的声音。小河流很不服气地回答说："那是因为微风可以飞过沙漠，可是我却不行。"

"因为你坚持你原来的样子，所以你永远无法跨越这个沙漠。你必须让微风带着你飞过这个沙漠，到达你的目的地。只要你愿意放弃你现在的样子，让自己蒸发到微风中。"沙漠用它低沉的

所有的努力只为遇见更好的自己

· 30 ·

声音说。

小河流从来不知道有这样的事情，它无法接受这样的概念，毕竟它从未有过这样的经验，让它放弃自己现在的样子，那么不等于是自我毁灭了吗？"我怎么知道这是真的？"小河流问。

"微风可以把水汽包含在它之中，然后飘过沙漠，到了适当的地点，它就会把这些水汽释放出来，于是就变成了雨水。然后这些雨水又会形成河流，继续向前进。"沙漠很有耐心地回答。"那我还是原来的河流吗？"小河流问。

"可以说是，也可以说不是。"沙漠回答，"不管你是一条河流或是看不见的水蒸气，你内在的本质从来没有改变。你会坚持你是一条河流，是因为你从来不知道自己内存的本质。"

此时在小河流的心中，隐隐约约地想起了自己在变成河流之前，似乎也是由微风带着自己，飞到内陆某座高山的半山腰，然后变成雨水落下，才变成今日的河流。

于是小河流鼓起勇气，投入微风张开的双臂，消失在微风之中，让微风带着它，奔向它生命中的梦想。

改变是现实中的一种生存状态，人生一直处于改变之中。其次要明确改变的主体是自己。从幼稚到成熟是改变自己，从懦弱到勇敢是改变自己，从平凡到伟大，从拒绝到接纳，从厌恶到热爱……都是对自己的改变。

改变自己是一种成熟，一种勇气，一种修养，同时更是一种睿智。改变自己是对自我的超越，最终必将获得人生的成功；反之，不愿改变或不善于改变自己常导致失败，最终必将给社会、

人生留下遗憾、痛苦和悔恨。

改变自己，就是对自己人生的改变。有位哲人说：改变自己的思想，可以更加自信、坚强。实际上，在人的一生中，有很多事情都是人们无法选择的。

让自己变得更好

古人云：严于律己，宽以待人。人，最应该改变的是自己，只有严格地要求自己，不断地改变自己，才能让自己变得更好、更优秀、更杰出、更自信，生活的世界才有可能因此而变得更美好。

有句话说得好：要想有不同的结果，就得有不同的做事方式；要想有不同的生活世界，就得有不同的自己。

正是如此，要让事情改变，就必须先改变自己；要让事情变得更好，就必须先让自己变得更好如果你感觉自己做事不够成功，首先检讨的也是自己，看自己有没有需要改进的地方。

有这么一句话是："要成功，一定要从改变自己开始！"

改变自己，并不是件容易的事情。但是，我们仍要坚信，人生经过挫折的不断洗礼，人们才能够克服挫折而改变自我，来迎接成功的人生。

有时候，改变一下自己的弱点，就会发现自己的生活更加丰富多彩；有时候，改变一下自己的想法，就会发现自己变得更加自信和坚强。

请记住：成功从改变自己开始。

你不能左右生命的长度，但你能改变生命的宽度；你不能左右恶劣的天气，但你能改变自己的心情；你不能改变自己的容貌，但你能改变自己的心灵。

　　其实，我们每天都在改变自己、创造自己、超越自己。

　　只有改变自己，才能走向成功。

能够自控情绪的人更容易成功

在成功的路上，最大的敌人其实并不是缺少机会，或是资历，而是缺乏对自己情绪的控制。愤怒时，不能制怒，把许多稍纵即逝的机会白白浪费。

人人都是自己最好的医生，你能使自己痛苦，也能使自己快乐，只有自己最了解自己，生活的主宰就是你自己。

做自己情绪的主人，对自己的人生、自己的生活都有着很好的帮助。生活在现实生活中的每个人都避免不了会遇到各种各样的困难和挫折，不可能一辈子都一帆风顺，而重要的就是要善于自我调理，做情绪的主人。

不做情绪的奴隶

如果有人问你，你对自己的情绪负责吗？你可能说：情绪怎么能随便控制呢？有高兴事就乐，有伤心事就悲。这是人之常情嘛。说起来容易，可做起来就难了。

有些感兴趣的人员，对情绪做了研究，把它大致分为正面情绪与负面情绪。生活中，大家经常会出现乐观、希望、自信、勇气和毅力等积极的心态，同时也伴有愤怒、痛苦、忧愁、悲伤、害怕、厌恶、羞愧和惊慌等这些消极的负面情绪。可是，谁又可以决定它呢？答案是：你自己。你只有做情绪的主人，不要被他所奴役，这样的生活才精彩。

在你的一生中，你是做被情绪控制的弱者，还是做控制情绪的主人？这些就在你的一念之差。

唐代著名文学家、具有"诗豪"之称的刘禹锡，在任监察御史期间，曾经参加了王叔文的"永贞革新"，反对宦官和藩镇割据势力。最后革新以失败告终，之后刘禹锡被贬至安徽和州县当一名小小的通判。

按规定，通判应在县衙里住三间三厢的房子，可和州知县看人下菜碟，见刘禹锡是从上面贬下来的"软柿子"，就故意刁难。知县先安排刘禹锡在城南面江而居，刘禹锡不但无怨言，反而很高兴，还随意写下两句话，贴在门上："面对大江观白帆，身在和州思争辩。"和州知县知道后很生气，吩咐衙里差役把刘禹锡的住处从县城南门迁到县城北门，面积由原来的三间减少到一间半。新居位于德胜河边，附近垂柳依依，环境也还可心，刘禹锡仍不计较，并见景生情，又在门上写了两句话："垂柳青青江水边，人在历阳心在京。"那位知县见其仍然悠闲自乐，满不在乎，又再次派人把他调到县城中部，而且只给一间仅能容下一床、一桌、一椅的小屋。

半年时间，知县强迫刘禹锡搬了三次家，面积一次比一次小，最后仅是斗室。面对如此刁难，刘禹锡仍然不温不火。他在自己简陋的居室里，欣然提笔写下了超凡脱俗、情趣高雅、千古传诵的《陋室铭》，并请人刻上石碑，立在门前。

面对刘禹锡安贫乐道的志趣和高洁傲岸的情操，知县便无可奈何了。

遭贬是古时众多文人命运的主色调，他们身怀报国之志，步

入仕途，却不谙为官献媚之道，终究逃不过种种打压与不快。刘禹锡不幸被贬谪，接踵而至的是和州知县的百般刁难，没想到刘禹锡每到一处都坦然接受，即使住所简陋到斗室，仍能怡然自乐，还成就了今人脍炙人口的名作《陋室铭》。刘禹锡心中并不是没有怨气，而是他善于控制情绪，心胸宽广，才使得他政治上失意时反而成就了文学上的巅峰之作。

一个阳光灿烂的人，热爱生活，真诚待人，积极工作，热爱家庭，坚信人生处处有晴天，这样积极的情绪，让他对生活对人生充满了激情，处处是"春风得意"。可是，一个小小的变故，会改变他的一切。以前看周围的人都很美好，觉得现在的人心晦暗，自私卑鄙者，歪曲事实者居多。

可见，情绪多么的重要，它左右着人的心态，而心态又决定了人的一生。在情绪上，往往最可怕的是情绪上的偏激。这个偏激，还有可能导致人生道路的歪曲。

情绪上偏激，就不能正确地对待别人，也不能正确地对待自己。见到别人做出成绩，出了名，就想尽千方百计诋毁贬损别人；见到别人不如自己，又冷嘲热讽，借压低别人来抬高自己。也处处要求别人尊重自己，而自己却不去尊重别人。在处理重大问题上，意气用事，我行我素，主观武断。像这样的人，做事业、干工作，成事不足，败事有余，在社会上恐怕也很难与别人和睦相处。

无论何时何地，做好自己情绪的主人，是很重要的。

用理智的"闸门"控制情绪的"洪水"

美国著名的心理学家卡耐基说过：人的成功，取决于百分之十五的智商和百分之八十五的情商。而这个情商，绝大部分来自你的情绪。

你要知道，唯有低能者才会江郎才尽，你不是低能者，除非你使自己变为一个情绪失控的人。你一定要不断地对抗那些企图摧毁你的力量，特别是隐藏在你心里的顽疾。当你领悟了人类情绪变化的真正奥秘，那么对于自己千变万化的个性，你就不再听之任之。你已经懂得，一个人唯有积极主动地控制好情绪，才可以主宰自己的命运。

一旦你控制了自己的情绪，你就主宰了自己的命运。

1965 年 9 月 7 日，在纽约，世界台球冠军争夺赛最后一场开始了。前几个回合中，路易斯·福克斯十分得意，因为他远远领先对手，只要再得几分便可登上冠军的宝座了。

然而，正在得意自己可以稳操胜券夺冠时，一只苍蝇落在了主球上。这时的路易斯本没在意，一挥手赶走苍蝇，俯下身准备击球。可当他的目光落到主球上，这只可恶的苍蝇又落到了主球上。

这时观众给予了他讥笑，使他失去了冷静和理智，用球杆去打苍蝇，结果不小心杆碰到了主球，被裁判判为击球，从而失去了一轮机会，也失去了冠军。

由此可见，能力不是总决定着胜负。可以说，路易斯并不是没有拿世界冠军的实力，而是他暴露出了心理上的致命弱点：对待影响自己情绪的小事不够冷静和理智，不能用意志来控制自己，最终失掉了冠军。

那么，有人不禁要问：怎样才能增强自制能力？心理学家曾说，做为人，我们要会用理智的"闸门"控制住自己情绪的"洪水"。

有人建议：假如你正在努力控制自己情绪的话，可准备一张图表，写下你每天体验并且控制情绪的次数，这种方法可使你了解情绪发作的频繁性和它的力量。一旦你发现刺激情绪的因素时，便可采取行动除掉这些因素，或把它们找出来充分利用。

还有，你必须控制你的思想，你必须对思想中产生的各种情绪保持着警觉性，并且视其对心态影响的好坏而选择接受或拒绝。优化好自己的情绪，方能走向成功。

要时常告诉自己："我并不像他们所说的那样，我不必介意他们的话，他们并不真正了解我……"如此心情自然会迅速改善。或者当我们遇到挫折、心情陷入谷底时，可以告诉自己："要重新站立起来，天下无难事，只怕有心人。"为自己生命注入一剂精神强心针。

积极心态是迈向成功的基石

无论对任何人，做任何事，成功都需要积极的态度。拥有积极的态度，让它带领你走向成功。

请牢记一句话：积极地面对生活，成功的来临会比你想象中快得多！

成败、荣辱、福祸、得失，人生不如意者十之八九。面对挫折、苦难，我们是否能保持一份豁达的情怀，是否能保持一种积极向上的人生态度呢？

积极的心态是人人可以学到的，无论他原来的处境、气质与智力怎样。

积极的心态是我们每个人所必须具备的，它是我们迈向成功的基石。

积极主动、不向困难低头

对于一个人来说，什么是成功最重要的因素呢？是天时、地利、人和？还是年轻、美貌、智慧？这些都不是，最重要的是积极的态度，积极的态度是成功的开始。

积极向上的心态是工作的助跑机，一个人若想得到一份工作，85%取决于他积极向上的心态，既然我们没有更多的更明显的优势，那么积极的人生态度和做事态度，就是我们最大的资本

和优势。

卡耐基说："一个对自己的内心有完全支配能力的人，对他自己有权获得的任何其他东西也会有支配能力。当我们开始用积极的心态并把自己看成成功者时，我们就开始成功了。"

许多人，成功时很骄傲，失败时很后悔，这都是我们努力前进的绊脚石。成功就是成功，当然有自己努力的因素在内，但还有赖于天时、地利、人和等社会因素。遭遇失败时，情况也是如此，事情往往不是仅仅以个人的力量可以决定的。

"积极主动"这个词最早是由著名心理学家维克托·弗兰克推介给大众的，其本人就是一个积极主动、永不向困难低头的典型。

弗兰克原本是一位受弗洛伊德心理学派影响颇深的决定论心理学家，但在纳粹集中营经历了一段凄惨的岁月后，他开创出了独具一格的心理学流派。

弗兰克的父母、妻子、兄弟都死于纳粹魔掌，而他本人则在纳粹集中营里受到严刑拷打。有一天，他赤身独处于囚室之中，突然有了一种全新的感受——也许，正是集中营里的恶劣环境让他猛然警醒："即使是在极端恶劣的环境里，人们也会拥有一种最后的自由，那就是选择自己的态度的自由。"

弗兰克的意思是说，一个人即使是在极端痛苦、无助的时候，依然可以自行决定他的人生态度。在最为艰苦的岁月里，弗兰克选择了积极向上的态度。他没有悲观绝望，反而在脑海中设想，自己获释以后该如何站在讲台上，把这一段痛苦的经历讲给自己的学生听。

凭着这种积极、乐观的思维方式，弗兰克在狱中不断磨炼自己的意志，让自己的心灵超越了牢笼的禁锢，在自由的天地里任意驰骋。

弗兰克在狱中发现的思维准则，正是每一个追求成功的人应具有的人生态度——积极主动。

这是一种心态，一枚助你走向成功大门的钥匙。有时候，我们受环境的左右，受事情的主导，但是我们都有权利去选择我们的生活。遇到问题时，我们可以寻求帮助，或者可以独立思考。环境不好时，我们有怨天尤人的权利，但是用积极进取豁达的心去解决面对的一切，更为重要。

许多人总是等到自己有了一种积极的感受，再去付诸行动，这些人是在本末倒置。积极行动会导致积极思维，而积极思维会导致积极的人生心态。心态是紧跟行动的，如果一个人从一种消极的心态开始，等待着感觉把自己带向行动，那他就永远成不了他想做的积极心态拥有者。

成功者总是用最积极的态度、最乐观的精神和最顽强的斗志去控制和支配自己的人生，而失败者正好相反，他们缺乏积极的态度和激情，他们的人生总是让悲观、退缩和疑虑所左右。

态度决定成败

态度决定成败，无论情况好坏，都要抱着积极的态度，莫让沮丧取代热情。生命可以价值极高，也可以一无是处，随你怎么去选择。这个选择，决定了你人生道路上的成败。

二战时期，美军著名将领巴顿，果断勇敢，善于抓住时机，被誉为美国标准的职业军人。而他对于战争的态度，不可谓不积极。在一次检阅新兵的典礼上，他说出了一句豪言："战争是人类所能参加的最壮观的竞赛。"能用如此乐观积极的态度看待战

争，他的胜利自然是囊中之物。

相反的，消极保守则只会导致失败。古希腊著名数学家毕达哥拉斯晚年时，他变得消极，反对一切新生事物，甚至命人将发现了新数——无理数的学生丢入大海。结果他的事业也走了下坡路，再没有新的成果。

积极向上，就是不以恶小而为之，不以善小而不为。积极向上，就是所做的事不仅有利于自己，也有利于他人，至少不妨害他人。积极向上，就是认定了目标就执着而勤奋地去追寻。积极向上，就是不沉迷，不颓废。积极向上的人生往大里说，是推动社会进步的动力，往小里说，能让我们拥有青春的活力和健康的心态。

有三个年轻人出去打工，在同一个建筑工地上干活，小王每天按部就班地和着灰沙，回到工棚，倒头便睡；小刘每天干完手里的活儿，一有空就去看师傅们砌砖，慢慢地也拿起了瓦刀，当上了二手师傅；小高注视着每一道工序，经常在干活之余，到各个工序打听、了解各种工序的情况，了解管理的方法、材料的价格。

两年后，小王还是在建筑工地和灰拉沙，一脸疲惫；小刘当上了工地师傅，而且成了"包工头"；小高坐着汽车，在各个工地忙碌，他成了建筑开发商。

同样一个村子出来的，同样一个工地打工，三个人的命运却差距巨大。这不是因为谁的条件好，也不是谁比谁聪明多少，关键是每个人对待生活的态度。只要有一种好的态度，去行动，去面对，就会慢慢步入成功者的行列。

这个世界上，真正主宰世界的人，正是这些态度积极的人。

生活中，成功与失败之间，架着一个梯子，这就是态度。态度消极，就只会沿梯滑下，掉进失败的深渊。只有积极进取，才能向上攀登，登上成功的顶峰。

成功是坚持不断努力行动的回报

行动就像是一项漫长的投资，而成功则是对长期投资的一次性回报。成功始于行动，不断的追求成功，这才是生命的真谛！

俗话说：不要做言语上的巨人，行动的矮子。人们不是听你说什么，而是看你做什么，行动才会有成功，不行动，再好的想法和机会都取得不了成功，只要你行动了，就有具备成功可能。

用行动照亮我们的人生

生活中，我们随处可以见到一些"行动的矮子"，虽然他们想法很多，但总是不见其行动，他们要不是武断地认为某件事根本不可能有结果，就是说行动的时机还没有来临。这些人只会为自己找千百种借口。

古人云：言必行，行必果。做行动的巨人，照亮我们的人生。

而在我们生活中，阻碍我们行动的，往往是心理上的障碍和思想中的顽石，而不是事情本来有多么的困难。如果你认为一件事情值得去做，立刻行动，不要拖延，最后你就会发现你确实能够做到。因为没有行动一切都是空谈，拖延才是让你停步不前的根本原因所在。

从前，有一户人家的花园中摆着一块石头，宽约四十厘米，高约十厘米。但凡到花园的人，一不小心就会碰到那块石头，不是跌倒就是擦伤。

很多次，有人建议让他把石头移开，可主人总是说："这块石头在这已经有很长时间了，它的体积那么大，不知道要挖到什么时候，不如走路小心一点，还可以训练你们的反应能力。"

就这样，日复一日，年复一年，这块石头留到了他的下一代。

有一天，他的孙子问他："爷爷，这块石头放这，让人看了不顺心，怎么不搬走它呢？"他还是这样回答："算了吧！那颗大石头很重的，可以搬走的话在我小时候就搬走了，哪会让它留到现在啊？"

小孙子不相信，带着锄头和一桶水，将整桶水倒在大石头的四周。他下定决心，即使是花上三天两夜的功夫也要把这块石头撬出来搬走。十几分钟以后，小孙子用锄头把大石头四周的泥土搅松。

但谁都没想到，几分钟以后他就已经把石头撬松并挖了起来，看看大小，这颗石头并没有想象的那么大，都是被那个巨大的外表蒙骗了。

故事短而精悍，道理却很深奥。行动就是一切，有些事情不要只看表面给人造成的假象，就望而远之，不敢靠近。

有位名人说：我们要敢于思考"不可想象的事情"，因为如果事情变得不可想象，思考就停止，行动就变得无意识。没有引发任何行动的思想都不是思想而是梦想，没有任何行动的想法都不是梦想而是空谈。一味空想，而不付出行动，再美好的梦想终

是黄粱一梦。

动起来的力量无穷大

成功者努力找方法去行动，失败者拼命找借口去埋怨！超越竞争对手，永远是投资更多的时间在思考上、学习上、工作上和行动上！

著名演讲大师齐格勒，在给某大学做演讲的时候，给学生们举了这样一个例子：

一个几厘米见方的小木块可以让停在铁轨上的火车头无法动弹。

你们相信吗？不相信也得相信，这是科学道理。但是，火车头一旦动起来，这小小的木块就再也挡不住它了。当它开到时速最高时，一堵厚1.5米的水泥墙也能撞穿。火车头的威力变得如此强大，只在于它动起来了。

动起来的力量是无穷大的。人亦如此，当人们只是坐那空想自己的未来而不付诸行动，就像火车停止了，无法动弹了，只能是白日做梦了。但是，人一旦行动起来，便会产生巨大的力量，挖掘出人的无限潜能。

常言道：千里之行始于足下。在有梦想有目标的世界里，要勇于面对困难和挫折，在它们面前，不要退缩，要行动起来。

因为只有行动了才会成功。有些人后退了，是在困难面前往往拿着放大镜看，其实，去和困难斗争后才发现原来也不过如此。

没有行动的人成功永远不会与你握手的！没有行动你只能浪费时间在原地遐想，到头来"竹篮打水——一场空"，什么东西都没了。

没有行动你只能望着别人成功，只能为别人喝彩。让我们抛下一切无意义的遐想动起来吧！相信只有行动才能让我们成功！

自信是成功的第一秘诀

自信是对自我能力和自我价值的一种肯定。在影响自学的诸要素中，自信是首要因素。有自信，才会有成功。美国作家爱默生也曾说过："自信是成功的第一秘诀。"

古人云：人不自信，谁人信之。建立自信，应该从相信自己，赏识自我做起。相信自己，就是对自己的认可和支持。"我能行""我也会成功"。积极的自我暗示，能够激起强烈的成功欲望，在战胜困难，实现目标的过程中，表现出果敢的勇气和必胜的信念。

心中有自信，成功有动力

莎士比亚说过："自信是成功的第一步"。每个人都希望自己获得成功，读书的人希望成绩优秀；演戏的人希望观众赞赏；做工的人希望超额完成任务。成功可能有很多种原因，但自信是最重要的因素。人亦如此，我们看待周围的事物亦如此。

一位哲人说得好：谁拥有了自信，谁就成功了一半。

信心是成功的秘诀，拿破仑曾经说过："我成功，是因为我志在成功。"

在每一个成功者背后，都有一股巨大的力量，在支持和推动着他们不断向自己的目标迈进。我们可以感觉到：信心的力量在成功者的足迹中起着决定性的作用。

诗圣杜甫告诉我们，自信是"会当凌绝顶，一览众山小"的气魄；诗仙李白告诉我们，自信是"天生我材必有用，千金散尽还复来"的豪情；毛主席告诉我们，自信是"自信人生二百年，会当击水三千里"的壮志。只有拥有自信，你才能斩断畏惧与恐惧，迎来成功的曙光。

拥有自信，拥抱成功

自信是一个人的生命之剑，它可以劈开任何一块挡在人生道路上的巨石，所以说拥有了自信就拥有了成功的一半，而另一半是要靠我们刻苦的努力。我们每个人的人生尽管有一千个理由让你哭泣，但也有一千零一个理由令我们欢喜。不管前途有多么渺茫，有多么坎坷，我们只要走好脚下的每一步，为你的人生打好坚实的基础，你的人生就会绚丽多彩。

居里夫人有句名言："我们应该有恒心，尤其要有自信心。"

20 世纪 60 年代，一个混血男孩出生在美国夏威夷的檀香山，他的父亲是肯尼亚人，母亲来自美国的一个中产家庭。男孩长大后就读于夏威夷一家私立精英小学，因为肤色问题的困扰，他在班上少言寡语。每当老师提问时，他的双腿就开始不停颤抖，说话也变得吞吞吐吐。老师无奈地告诉男孩的母亲，这个孩子连自己都不相信，将来不会有什么出息了。

男孩的母亲并不认同老师的观点，她为男孩找了一份差事——课余时间在街区里挨家挨户订报纸。在母亲的鼓励下，男孩勇敢地迈出了第一步。他敲开了邻居家的门，努力地与他们沟通，征订报纸出人意料的顺利，几个邻居都成了他忠实的客户。有了挣"第一桶金"的经历，男孩从此说话不再

吞吞吐吐了，他从一个街区走到另一个街区，自信地敲开一家又一家的大门，订单也与日俱增，他第一次享受到了成功的喜悦。

多年以后，男孩才知道，他童年时获得的"第一桶金"浸透了深深的母爱。原来，母亲早就安排好了，她自己出钱请邻居们订报纸，目的就是给儿子一份自信。成功的他握住母亲的手，任凭泪水肆意地奔流。是童年那份宝贵的自信让他一步步地走下来，成为美国首位非洲裔总统。他就是贝拉克·侯赛因·奥巴马。

自信心可以创造奇迹，自信可以使一个人的才干取之不尽，用之不竭，从而成为你事业成功的坚强基石。让我们拥有自信，拥抱成功。

古往今来，许多人之所以失败，究其原因，不是因为无能，而是因为不自信。自信，使不可能成为可能，使可能成为现实。不自信，使可以变成不可能，使不可能变成毫无希望。

当今社会，信息瞬息万变，一个人要想成就一番事业，单靠自己的力量显然是不行的，需要众多人的参与和支持。这样，自信就显得尤为必要，因为只有自信心十足的人才可能说服别人，感染别人，使他们与其一道，共同开拓事业。

成功就藏在你努力的不远处

坚持不懈，要的是恒心和毅力。我们每个人都渴望成功，为成功而拼搏，就像去一个遥远的圣地，道路是崎岖而漫长的，更隐藏着无数的恶魔，虎视眈眈地盯着你。它们会扑向你，而你用什么来对付他们呢？用你随身带着或路上得到的法宝。这些法宝是多姿多彩的，有勤奋，有谦虚，有自信，其中一件光彩熠熠，那便是恒心和毅力。

对既定目标坚持到底

比尔·盖茨说："无论遇到什么不公平——不管它是先天的缺陷还是后天的挫折，都不要怜惜自己，而要咬紧牙关挺住，然后像狮子一样勇猛向前。"在我们成长和成功的路上，需要的是勇往直前、坚持到底的精神。坚持是成功的重要一环，挫折、失败离成功只有一步之遥，而跨越这一步的关键是对既定目标坚持到底。

成功的路上必定不会一路顺畅，获得成功，往往在于坚持。

成功不仅要求我们敢想、敢做，最重要的是一定要坚持，坚持自己的信念直到成功为止。每个人都有一个渴望成功的梦想，但在人的一生中不如意之事十之八九，如意之事只不过一二而已，面对暂时的不如意我们需要做的是坚持，坚持才能成功！

九十九度加一度水就开了。开水与温水的区别就在这一度之差。有些事之所以天壤之别，往往也正因为这一度之差。

从前，一位穷苦的牧羊人带着两个幼小的儿子替别人放羊为生。

有一天，他们赶着羊来到一个山坡上，一群大雁鸣叫着从他们头顶飞过，并很快消失在远方。牧羊人的小儿子问父亲："大雁要往哪里飞？"牧羊人说："它们要去一个温暖的地方，在那里安家，度过寒冷的冬天。"大儿子眨着眼睛羡慕地说："要是我也能像大雁那样飞起来就好了。"小儿子也说："要是能做一只会飞的大雁该多好啊！"

牧羊人沉默了一会儿，然后对两个儿子说："只要你们想，你们也能飞起来。"两个儿子试了试，都没能飞起来，他们用怀疑的眼神看着父亲，牧羊人说："让我飞给你们看。"于是他张开双臂，但也没能飞起来。可是，牧羊人肯定地说："我因为年纪大了才飞不起来，你们还小，只要不断努力，将来就一定能飞起来，去想去的地方。"两个儿子牢牢记住了父亲的话，并一直努力着，等他们长大——哥哥36岁，弟弟32岁时——他们果然飞起来了，因为他们发明了飞机。这两个人就是美国的莱特兄弟。

成功之路，贵在坚持。谁能坚持到底，谁应能获得成功。

古希腊哲学家苏格拉底在给学生上第一节课的时候，要求他的学生在每天上课之前都向上挥一下手。过了一个星期，他发现已经有一半的学生不再挥手；过了一个月，他发现只有三分之一在挥手了；过了半年再看，发现最后只剩下一个人在挥手，那个人就是柏拉图。柏拉图后来成为伟大的思想家和哲学家。其实任何一件事到最后都是"简单的重复和机械的劳动"，只要你坚持做到了，你就有可能在一个领域做到前列。

这就是名人与凡人的不同之处。坚持，是意志力顽强的表现。坚持，它不是口头上的豪言壮语，而是要求我们付诸行动，从一点一滴做起，不怕困难，不怕挫折，顽强拼搏，甘于寂寞，乐于清贫，脚踏实地，经得起艰难困苦的考验，甚至经得起肉体和精神极限的挑战，这才是成功的重要前提。

成功来自坚持不懈

荀子曰："骐骥一跃，不能十步，驽马十驾，功在不舍"。水滴石穿，绳锯木断，这个道理我们每个人都懂得，然而实践起来并不那么容易。恒心和毅力是成功的道路上必不可少的因素。

成功来自长期的坚持不懈。只有耐心和持久才能坚持到最后，才能取得胜利。

古苏格兰国王罗伯特·布鲁斯，六次被打败，失去信心。在一个雨天，他躺在茅屋里，看见一只蜘蛛在织网。它想把一根丝挂到对面墙上，六次都没有成功，但它经过第七次，终于达到了目的。罗伯特兴奋地跳了起来，叫道："我也要来第七次！"他组织部队，反击英国入侵者，终于把敌人赶出了苏格兰。因为蜘蛛的毅力感染了罗伯特，让这个失败了六次的男人再次站了起来。而后来的罗伯特也因为这种毅力，从而进行了第七次挑战，最后因为它的恒心，他成功了。他成了民族英雄。

毅力是成功的基石。居里夫人曾经说过："一个人没有毅力，将一事无成。"而"说一套，做一套"，永远都不可能取得成功，只有言行一致，朝着目标坚持不懈地去奋斗，去追求，才会有所收获。

生命的奖赏远在旅途终点，而非起点附近。我们不知道要走

多少步才能达到目标，踏上第一千步的时候，仍然可能遭到失败。但成功就藏在拐角后面，除非拐了弯，我们永远不知道还有多远。再前进一步，如果没有用，就再向前一步。这就是坚持不懈。

　　成功是美好的，但坚持却是痛苦的。每个人都在追求成功，但成功就需要付出艰辛的劳动，甚至千百次艰难的探索。但必须指出的是，我们中的一部分人在追求的道路上，浅尝辄止，遇到困难、挫折和失败，就掉头离去，虽然有些人是因为方法不当，但更多是因为缺少这种精神——坚持。

第三章

年轻就是人生最大的资本

先认识自己而后战胜自己

许多人只喜欢去预支明天的烦恼，想要早一步解决掉明天的烦恼。又何尝知道：明天如果有烦恼，你今天是无法解决的。每一天都有每一天的人生功课要交，努力做好今天的功课再说吧！或许人生的意义，不过是嗅嗅身旁一朵朵清丽的花，享受一路走来的点点滴滴而已。

三千多年前，传说在希腊帕尔纳索斯山南坡上，有一个驰名整个古希腊世界的戴尔波伊神托所，这座神所是一组石造建筑物。在这个神托所的入口处，在一块石头上刻有两个词，用今天的话来讲就是：认识你自己！

古希腊的哲学家苏格拉底最爱引用这句格言教育他的学生，因此，后人往往错误地认为这是苏格拉底说的话。这句话当时被人们认为是阿波罗神的神谕，其实是家喻户晓的一句民间格言，是希腊人民的智慧结晶，后来才被附会到大人物或神灵身上去的。

客观地评价自己

然而到了今天，人们不得不承认，"认识自己"这个目标还远远没有实现。在现实生活中，如果自我被扩大，就容易产生虚荣心理，形成自满和自我陶醉。这种人喜欢炫耀、哗众取宠，不能客观地评价自己。如果自我被贬低，就容易产生无能心理，认为自己无用，一无是处。这种人本来可以才华出众，成绩超群，却由于自我贬低，"非不为，是不能也"的自欺欺人的自我退缩伤害了自我。

曾经有一个悲观的青年欲了结此生，在海边徘徊。有一老者注意到了，便上前询问："你为什么不开心呢，年轻人？""我现在一无所有，一无所长，不断失败，我再也没有什么指望了，不如一死了之。""你其实很富有，年轻人。""是吗？"年轻人一脸狐疑。"给你十万元，买你一只眼睛好吗？""那可不行！"年轻人想都没想。"八万元，买一只胳膊？""不行。""那就买一只手，或三个手指头？""也不行。"老者哈哈大笑："年轻人，你现在知道你多么富有吧。"年轻人不好意思地笑了，自信重新回到了他的脸上。认识自己是与生俱来的内在要求和至高无上的思考命题。

诚然，一个人要想真正地了解自己，认识自己，又谈何容易？一辈子不认识自己而做出了可悲之事的大有人在。在今天，还有很多人正是由于不认识自己，不充分理解今天这个社会中的情况，而受不得一点点挫折、打击，悲观、失望、苦恼、抱怨、彷徨，终日在唉声叹气、无所事事中把时光轻易地放走。

古人云："知己知彼，百战不殆。"西方人说："自己的鞋子，自己知道紧在哪里"；"不会评价自己，就不会评价别人"。希腊人说："最困难的事情就是评价自己。"可见，认识自己是一个永恒的话题，在古今中外都十分受到重视。

但是，认识自己并不是一件容量的事，需要对自己有一个最起码的认识，是做人的一个最起码的要求。而对于有些人来说，

自己是什么样的人，只有自己不知道。由于难得有一个真实的参照系来评估自己，所以，我们往往能够很自信的做傻事。

认识你自己吧！虽然这是困难的，然而，一个人要想有一番作为的话，正确地认识自己是一个最基本的要求。或者，你可能解不出那样多的数学难题，或记不住那样多的外文单词，但你在处理事务方面却有特殊的本领，能知人善任、排难解纷，有高超的组织能力；你的数理化也许差一些，但写小说、诗歌却是个能手；也许你分辨音律的能力不行，但有一双极其灵巧的手；也许你连一张桌子也画不像，但是有一副动人的歌喉……

在认识到自己长处的前提下，扬长避短，认准目标，抓紧时间把一件工作或一件事情做好，久而久之，自然会水到渠成。鲁迅说过，即使是一般资质的人，一个东西钻研上 10 年，也可以成为专家，更何况它又是你自己的长处呢？

最大的对手就是自己

只有不断地发扬自身的优点，将自己的错误形象清除，才能发现真正的自我。就好像早上把镜子上的水雾抹掉才能看清自己的面目。世界上最大的敌人不是对手，而是你自己。在你的生活中，有一个人需要你的支持、鼓励和理解，有一个人是你最可信赖的人，这个人是谁呢？又是你自己。

认识别人难，认识自己更难，人贵有自知之明。

在人生中，人们最关注的就是自己。当拿到一张集体照时，你的第一个目光肯定会落在自己身上。每天早上，面对着镜子里面的人，你不妨问：他（她）是谁？请不要笑此话太傻。俗话说：一个人最大的敌人莫过于自己。要战胜自我、了解自我这个最大的敌人，就是认清自我，客观地评价自己，找准自己的位置，但是，又有多少人能做到呢。

在社会生活中，如何塑造自我形象，把握自我发展，如何选择积极或消极的自我意识，如何正确地认识自我、肯定自我，将在很大程度上影响或决定着一个人的前程与命运。所以，要想在社会上立足并有所成就，就必须对自己有一个全面而深刻的认识。人们只有清楚地知道自己想做什么？能做什么？做了会付出什么？付出之后会得到什么？才能更理智地去面对人生中的多项选择。只有认识了自我，才能开发出更大的自我潜能，才能发展自我，超越自我，升华自我，从而达到一个全新自我的境界。

英国的一个著名诗人济慈，他本来是学医的，可是后来无意中，他发现了自己有写诗方面的才能，所以，就当机立断改行写诗，而且在写诗的过程中，他很投入的用自己的整个生命去写诗。很不幸，他只活了二十几岁，但是，他却为人类留下了不朽的美丽诗篇。

马克思在年轻的时候，也曾想做一名伟大的诗人，也努力的写过一些诗。但是，他很快发现在这个领域里，他不是强者，他发现自己的长处不在这里，便毅然决然地放弃了做诗人的想法，转到科学研究上面去了。

试想一下，如果上面的两位大师都没有正确地认识自己，看清自己的话，那么英国至多不过增加一位不高明的外科医生济慈，德国至多不过增加一位蹩脚的诗人马克思，而在英国文学史和国际共产主义运动史上则肯定要失去两颗光彩夺目的明星。所以，认识你自己罢！无论做什么都要脚踏实地去做，大而无当、好高骛远的想法一定要排除。

那么，怎样才能更好地认识自己呢？

第一，用"自省法"认识自己。

"自省"就是通过自我意识来省察自己言行的过程，其目的正如朱熹所说："日省其身，有则改之，无则加勉。""自省"其实是人的一种心理体验，人们在实际生活中，往往通过自我反思、自我检查来认识自己。从发生在自己身边或自己身上的重大事件中，可以获得更多的经验和教训，这些都可以提供了解自己的个性、能力的信息，从而在其中发现自己的优点与不足。

第二，用"评价法"认识自己。

在认识自我时，应该重视同伴对自己的评价，因为他人的评价在一定程度上比主观具有更大的客观性。如果他人的评价与自我的评价相近，则说明了自我评价良好；如果两者的评价相差甚远，则说明对自己的评价有偏差，需要及时调整。当然，也不能对别人的评价有完全的依赖，也应该有自己认识上的完整性，要恰如其分地认识自己、看待自己。

第三，用"二分法"认识自己。

对任何事物的看法都应坚持唯物、辩证的观点，对自己的认识也不例外，既要充分发现自己的长处、优点，也要认清自己的短处与不足，只有这样，才能扬长避短，把握自己，取得更大的进步。

古人说："临渊羡鱼，不如退而结网。"当你认识了自己之后，就应当坚定起来，让自己变成一个有思想、有韧性、有战斗力的强者，在你所专长的道路上一步一个脚印地走下去。不要再犹豫，不要再迟疑。

人需要一个准确而清晰的定位

人生最重要的不是奋斗，而是奋斗前的选择，选择就意味着要给自己一个准确的定位。人生在世几十年，如果没有一个准确而清晰的定位的话，会让自己走很多的弯路，甚至于遭受更多的挫折。

在生活中，每个人都有自己的位置。纵观一个人的一生，从幼儿，童年，青年，中年，老年，这些位置都在变化之中。

演好自己的角色

人在事业发展初期，刚刚开始之时，你就是慢慢萌芽的种子，接着不断追求，发展壮大，在事业中崭露头角时，就是成长。为了你心中的梦想，你仍孜孜不倦的追求，在经历许许多多的风雨之后，你实现了自己的愿望，成功了。这也许就是所谓的"开花结果"。可人生的事并不都是一帆风顺的，有时成就只是暂时的，而不是永恒的。也许你因为骄傲自满，会遭受挫折，从此后，你可能又重新开始，又在循环这以前的经历。

给自己找准定位，是指引人生道路的"北极星"，照着方向前进。一个人要善于把握分寸，需要谨慎，加上持久的努力，这样你才能在人生大舞台上演好自己的角色。

一天清晨，一只山羊来到一个菜园旁边，它想吃里面的白

菜,可是一道栅栏把它挡在了外面,它进不去。

这时,太阳慢慢从地平线上升起来了,在不经意中,山羊看见了自己的影子,它的影子拖得很长很长。它以为自己很高大,于是自言自语地说:"我如此高大,定能吃到树上的果子,吃不吃这白菜又有什么关系呢?"

在距离菜园子不远的地方,还有一大片果园。园子里的树上结满了诱人的果子,于是山羊便朝着果园的方向奔去。到达果园时,已是正午,太阳当头。这时,山羊的影子变成了很小的一团。"唉,原来我是这么矮小,看来是吃不到树上的果子了,还是回去吃白菜的好!"于是,它又匆匆忙忙转身往回跑。等跑到菜园子的栅栏外时,太阳已经偏西,它的影子又变得很长很长。

"我干吗非要回来呢?"山羊很懊恼,"凭我这么大的个子,吃树上的果子是一点儿问题也没有的。"

山羊烦恼的主要原因就在于它对自己没有一个正确的认识。世界上没有完全相同的树叶,人也一样,每个人都应客观地认识自己,既要看到自己的长处,又要认识到自己的不足,给自己一个准确的定位。

许多人一生都在瞪大眼睛寻找财富,他们贪婪地想把世界上每一样美好的东西都搋进自己的怀里,不料辛辛苦苦忙碌了好一阵子到头来却两手空空。真正有智慧的人懂得收敛内心的欲望,只选择自己够得着的果子去采摘,而不会把自己的小聪明当成智慧。

每个人都有属于自己的位置,但要想找到适合自己的位置,就不是那么简单了。只有找到自己的长处,给人生一个准确的定位，才能取得真正的成功。如果没有给自己确定一个准确的位置，你就可能会失败。有很多成功人士的成功，首先得益于他们根据自己的特长来进行定位。如果不充分了解自己的长处，只凭自己一时的想法和兴趣，那么定位就不准确，有很大的盲目性。

清楚自己需要什么

有很多人之所以成功了，他们的成功其实就得益于能够根据自己的特长来进行自我定位。如果不充分了解自己的长处，只凭自己一时的想法和兴趣，这样的定位就有很大的盲目性，就不准确。古语说："取乎上，得其中；取乎下，得其下。"很显然，在给自己定位时，要根据自己的能力来定位，不能定得太高，也不能定得太低。把自己的位置定的高，你可能就会感到力不从心，把自己的位置定得太低，你可能难以获得更大的成功。

漫漫人生路，要给自己一个准确的定位：即不自高自大，也不悲观失望。不要抱怨自己的命不好、自己没有能力，深沉的叹息、哀哀的泪水，对自己耿耿于怀，何必呢！

要想人生伟大，必须搞清楚自己需要什么？也就是你想收获什么？

一个人的发展在某种程度上取决于自己对自己的评价，这种评价有一个通俗的名词——定位。在心目中你把自己定位成什么，你就是什么，因为定位能决定人生，定位能改变人生。

一个乞丐在地铁出口处卖铅笔，一位商人路过，向乞丐杯子里投入几枚硬币，匆匆而去。过了一会儿，商人又转回来取铅笔，并对乞丐说："对不起，我刚才忘记拿铅笔，毕竟你我都是

商人。"几年之后，商人在参加一次高级酒会时，遇到一个衣冠楚楚的商人向他敬酒，这位先生说，他就是几年前在地铁处卖铅笔的乞丐。他生活的改变，得益于商人的那句话：你我都是商人。这个故事告诉人们：你把自己定位成什么样的高度，你就会成为什么。当你定位于乞丐，你就是乞丐；当你定位于商人，你就是商人。

12岁的福特，他在头脑中构想着一种机器，它能够在路上行走的机器代替牲口和人力。而这时候，父亲和周围的人都要他在农场做助手。如果他真的听从了父亲与家人的安排，世间便少了一位伟大的企业家。但地幸运的是，福特坚信自己能够成为一名机械师。于是他用一年的时间完成了其他人需要三年的机械师训练，随后又花两年多时间研究蒸汽原理，试图实现他的目标，未获成功；后来他又投入到汽油机研究上来，每天都梦想制造一部汽车。

天道酬勤，他的创意发明得到了爱迪生的赏识，并邀请他到底特律公司担任工程师。经过十年的不懈努力，在他29岁时，他成功地制造了第一部汽车引擎。今日美国，每个家庭都有一部以上的汽车，底特律是美国最大工业城市之一，也是福特的财富之都。福特的成功之路，虽然和他的勤奋努力分不开，但是也不能不归功于他对自己的准确定位为前提。

从另一个方面来讲，给自己定位也要定的合适，如果定的不切实际，或者没有一种健康的心态，也不会取得成功。

所以，在什么位，谋什么政，说什么话，做什么人，把握好自己的定位，不但是对周围人的尊重，也是成就自己的方法。

要时刻相信自己，要有一双发现自己亮点的眼睛，不要拿自己的短处与他人的长处去做比较。对生活要有希望，有追求，在困难面前要坚强的挺住，挺过去之后，他就会发现前面就是柳暗花明的下一站。

不做井底的青蛙

很多时候，我们就像坐在井底观天的青蛙，想着天地就那么大，不可能有更大的空间，何不就此坐定？一旦有这种想法，无异于给自己画地为牢。从此将寸步难行。所以说，往往堵死我们生存和发展之路的并非他人。而正是我们自己的狭隘的目光和封闭的心界。

人生的悲哀不在于人们不去努力，而在于人们总爱给自己设定许多的条条框框，这无疑限制了人们想象的空间，以及创造的潜能和奋进的范围。

其实在生活中，每个人都有自我设限的时候，自己不愿做或者不想做的事情，心理上就有了界定：这件事我做不成！与其说不愿做或者不想做，说到底大多数还是不敢做，基于某种原因形成了一种心理上的障碍，对这些事情望而却步，结果自然是做不成。

别对自己设限

在生活当中，很多时候，我们在生活的路上走的不好，不是因为路太狭窄了，更大的原因是我们的眼光太狭窄了，有意无意当中对自我设限了。

有一个小孩在看完马戏团精彩的表演后。随着父亲到帐篷外拿干草喂表演完的动物。小孩儿注意到一旁的大象群，为父亲：
"爸，大象那么有力气？为什么它们的脚上只系着一根小小的铁链，难道它无法睁开那条铁链逃脱吗?"父亲笑了笑，耐心为孩子解释道说："大象并不是真的挣不开那条细细的铁链，而是他们以为自己挣不开。在大象还很小的时候，驯兽师就是用同样的铁链来系住小象，那时候的小象，力气还不够大，小象起初也想挣开铁链的束缚，可是试过几次之后，知道自己的力气根本就挣不开铁链，于是就放弃了挣脱的念头，等小象长成大象后，他就甘心受那条铁链的限制，而不再想逃脱了。"

我们经常用生活中普通的规律来看待事情，这样，我们便被原本只要稍微用力即可挣脱的铁链永远束缚住了，心甘情愿地成了一只被圈养的大象，久而久之，便形成了惯性思维，套在失败的经验中爬不出来，以为有些事自己永远办不到，却完全忽视了许多内部和外部的条件已经改变，以致失去了一次又一次唾手可得的机会。

有时走出变通的那一步是艰难的，然而如果不迈出那一步，就会使人生道路充满更大的艰难。

要生存，就要改变；要改变就要突破自我设限，有破才会有立，只有打破原有的局限思维，才能真正让自己由内而外彻底绽放，从而与众不同、光芒万丈!

你不勇敢，没人替你坚强

让思维插上金色的翅膀，它就会载着你飞向辉煌的金字塔顶；限制它，你就永远会被世界拒之门外!

一个人在高山之巅的鹰巢里，抓到了一只幼鹰，他把幼鹰带回家，养在鸡笼里。这只幼鹰和鸡一起啄食、嬉闹和休息。它以

为自己是一只鸡。这只鹰渐渐长大，羽翼丰满了，主人想把它训练成猎鹰，可是由于终日和鸡在一起，它已经变得和鸡完全一样，根本没有飞的愿望了。主人试了各种办法，都毫无效果，最后把它带到山顶上，一把将它扔了出去。这只鹰像块石头似的，直掉下去，慌乱之中它拼命地扑打翅膀，就这样，它终于飞了起来！

人若软弱就是自己最大的敌人，人若勇敢就是自己最好的朋友。

有人说过这样一段话：我不是为了失败才来到这个世界上的，我的血管里也没有失败的血液在流动。我不愿意听失意者的哭泣，抱怨者的牢骚，这是羊群中的瘟疫。

一个菲律宾女孩高中毕业后，只身一人来到纽约闯荡。她没有文凭，也没有学历，好不容量在一家打字社里，找到了一份400美元月薪的工作。她和同来的几个同国女孩在一起住，合租一间地下室，勉强度日。

在工作之余，她常会拿出几本服装杂志或者是专业书来看，同屋里的姐妹都笑话她："太不自量力了，简直是异想天开。服装公司里的专业人才多得是，你怎么可以竞争过他们呢？"她只是笑笑，什么也不说。

六年过去了，她们的生活基本上没什么变化，唯一不同的是：她的服装设计水平从一级升到了六级。

后来，她被聘为一家服装公司的设计员。她搬出了从前住的地下室。再后来，她成了这家服装公司设计部部长。

其实，世上任何人都不能改变你的命运，除了你自己——只要你勇敢地跳出自设的樊篱！

多年来，堵死我们生存和发展之路的并不是别人，正是我们自己狭隘的眼光和封闭的内心世界。如果吝惜于改变造成一时的损失或者伤痛，从而得过且过，那么总会有过不去的那一天。须知：变通是永恒的生存法则。

别在安逸中迷失自己

在现实生活中，很多人对人生没有明确的目标和抱负，对自己的人生从来都没有过设计与规划，有的只是一天天的得过且过，过了就忘。在脑海中有这种人生态度的人，不要说取得全面的人生成功，即便在某一领域干上十年八年，或者是一辈子，都不会取得很大的成就。

布莱克说："辛勤的蜜蜂永没有时间悲哀。"

在生活的海洋中，随处都可以看到这样一些年轻人，只是毫无目标地随波逐流，既没有固定的方向，也不知道停靠在何方，以至于在浑浑噩噩中虚掷了多少宝贵的光阴，荒废了多少青春的岁月。在做任何事时不知道其意义的所在，只是被挟裹在拥挤的人流中被动前进。如果你问他们中的一个人打算做什么，他的抱负是什么，他会告诉你，他自己也不知道到底去做什么，到底想要什么。没有目标，没有理想，没有抱负，有的只是在那儿漫无目的地等待机会，希望以此来改变生活。

逆境是成长必经的过程

不经历风雨，怎么见彩虹。从来就没有那么一些懒惰闲散、好逸恶劳的人曾经取得多大的成就。只有那些在达到目标的过程中面对阻碍全力拼搏的人，才有可能达到全面成功的巅峰，才有可能走到时代的前面。对于那些没有勇气去面对困境的人，对于那些从来不尝试着接受新的挑战，那些无法迫使自己去从事对自己最有利却显得艰辛繁重的工作的人来说，他们是永远不可能有太大成就的。因为成功之路从来都不是随随便便就可以走出来的。

每个人都应该对自己有一个严格的要求，不能总是无所事事的打发宝贵的时光。不要等到岁月流走之后，才去思考曾经走过的路是有意义还是没意义；不要等到中年时候，才去思考年轻时如果找点事情做，或许现在自己已经成功了；不要在不该开花的时候开花，不要在果实未熟的时候采摘果实，违背自然规律的事情，注定是没有好结果的。

很多人之所以会失败，是因为心中没有伟大的理想与切合实际的目标；绝大多数胸无大志的人之所以失败，是因为他们太懒惰，身上根本就没有具备成功的素质与条件，所以他们不可能会成功。他们不愿意从事含辛茹苦的工作，不愿意付出代价，不愿意作出必要的努力。他们所希望的只是过一种安逸的生活，尽情地享受现有的一切。在他们看来，为什么要去拼命地奋斗、不断地流血流汗呢？何不享受生活并安于现状呢？如果在一个人的脑海里，存在有这种思想的话，他的一生注定是平淡的，除非他改变思维，重新来过。

生活中到处都可以见到这样一些人，他们有着最精良的设备，具备一切理想的条件，他的面孔让身边的人看起来似乎也正要整装待发。可是，他们的脚步却迟迟不肯挪动，所以，他们并没有抓住最好的时机。这一结果的发生原因就在于，在他们心中没有动力，没有远大的抱负来支撑他们努力勇敢地走下去。

大家都知道，如果一块手表有着最精致的指针，镶嵌了最昂贵的宝石，无疑，在人们眼中它是珍贵的。然而，如果它缺少发条的话，它仍然一无是处，没有价值可言。同样，人也是如此，不管一个年轻人受过多么高深的教育，也不管他的身体是多么的健壮，如果缺乏远大的志向，那么他所有其他的条件无论是多么优秀，都没有任何意义。

契诃夫说：我们以人的目的来判断人的活动。目的伟大，活动才可以说是伟大的。这个目的其实就是心中的抱负。

有这样一个故事，苏联驻南极工作站唯一的医生得了急性阑尾炎，在冰天雪地的南极，不可能指望有什么人前来援助，怎么办？如果自己病倒了，其他科考队员的生命出现问题了怎么办？科考工作还要继续进行下去，自己是绝对不能出现问题的。这位医生以坚强的意志和非凡的毅力，决定自己给自己做切除阑尾手术，终于把自己从死神手中夺了回来。

这个故事同时也说明，人的意志力可以非常坚忍，意志的作用是非常强大的。当然，人的意志也不是天生就有的，它需要人们在实践中去磨炼，尤其是要在战胜困难与挫折中去提升。这时候，支持心中力量的就是远大的理想。远大的理想与抱负是战胜困难的巨大动力。

一个人的意志坚忍性如何，遇到困难是打退堂鼓还是战而胜之，与其有没有崇高的理想抱负有直接的关系。一个有理想、有抱负的人，不管遇到什么艰难困苦，都会坚忍不拔、坚定不移地朝着既定目标迈进。因为在他们心中，理想抱负是人生的最大价值，为了实现自己的远大理想，吃再多的苦、流再多的汗，也是值得的。

焕发你的生命活力

也许每个人有都有这样的体会，在小时候，每个人的梦想都很大，每个人都敢去想。雄心抱负通常在我们很小的时候就初露锋芒。但是，如果我们不注意仔细倾听它的声音，不给它注入能量，如果它在我们身上潜伏很多年之后一直没有得到任何鼓励，那么，它就会逐渐地停止萌动。原因其实很简单，这就像许多其他没被使用的品质或功能一样，当它们被弃置不用时，它们也就不可避免地趋于退化或消失了。

人的思想是一种很奇怪的东西，你经常不断重复一件事，然后，不断重复地去做一件事，你才能把它做好，这是自然界的一条定律。只有那些被经常使用的东西，才能长久地焕发生命力。一旦我们停止使用我们的肌肉、大脑或某种能力，退化就自然而然地发生了，而我们原本所具有的能量也就在不知不觉中离开了我们。这其实就是人的一种惰性，身体上的懒惰懈怠、精神上的彷徨冷漠、对一切就都放任自流的倾向、总想回避挑战而过一种一劳永逸的生活的心理——所有这一切便是那么多人默默无闻、无所成就的重要原因。

对那些不甘于平庸的人来说，养成时刻检视自己抱负的习惯，并永远保持高昂的斗志，这是完全必要的，要知道，一切都取决于我们的抱负。一旦它变得苍白无力，所有的生活标准都会随之降低。我们必须让理想的灯塔永远点燃，并使之闪烁出熠熠的光芒。

东汉末年，年轻的鲁肃（三国吴国名将）经常领着一批游手好闲的人打猎玩耍。于是，几个白胡子老汉就站在村口，摇头叹息说："老鲁家活该破败，养了这么个败家子。"

　　鲁家本是当地的世家大户，广有钱财。在年轻时，鲁肃的父母死了，之后他便放下诗书，舞枪弄棒，骑马射箭。鲁肃不但自己玩，还把附近游手好闲的人招到家里，给吃给穿，银钱花得像流水似的，好端端的家业眼看就要被他挥霍一空。但是，这样做也有一个结果，就是鲁肃得个"礼贤好士"的名声，另一个好处就是他锻炼个结结实实的身体。

　　其实，鲁肃这样做也是有原因的。因为他生活在汉末的社会，矛盾重重，天下将乱，所以他决心练好身体和武艺，准备以后为国出力。正是他眼光远大、怀有抱负的这种表现，让他在不久出现的军阀混战中，能组织村中数百人保护乡亲父老。接着就渡过长江，投奔孙权，屡屡建立战功。后来，他当了"奋武校尉"，统领东吴的兵马，成为一代名将。

　　对于任何一个人来说，不管自身的条件是多么的恶劣，现在所处的环境是多么艰难，只要他保持了高昂的斗志，热情之火仍然在熊熊燃烧，那么他就是大有希望的。但是，如果他颓废消极，心如死灰，那么，人生的锋芒和锐气也就消失殆尽了。

　　抱负要切合实际，空虚的、不切实际的抱负没有任何意义。只有在坚强的意志力、坚忍不拔的决心、充沛的体力，以及顽强的忍耐力的支撑下，人们的理想和抱负才会变得切实有效，并能达成自己的抱负。

有意义的人生需要一个明确的目标

一个人确定的目标越远大，他取得的成就就会越大。远大的目标总是与远大的理想紧密结合在一起的，那些改变了历史面貌的伟人们，无一不是确立了远大的目标，这样的目标激励着他们时刻都在为理想而奋斗，结果他们成了名垂千古的伟人。

人生拥有了方向，就会感到充实和富足。岁月更加温馨温情，生活的画卷绚丽缤纷，活出的便是清风朗月的美丽。

古人说："有志者，事竟成。"所谓志，就是指一个人为自己确立的"远大志向"，为自己确立的人生之旅的航向。人生目标，是生活的灯塔，力量的源泉，如果失去了它，就会迷失前进的方向。确定了人生的目标，才可能选择生活的道路，进而才能够掌握、控制自己的人生。

没有目标的人生是没有意义的人生，有了目标，人生就会变的充满意义，一切似乎清晰、明朗地摆在你的面前。什么是应当去做的，什么是不应当去做的，为什么而做，为谁而做，所有的要素都是那么明显而清晰。于是生活便会添加更多的活力与激情。它促使人们自身的潜能得到充分的发挥，为人们实现一个精彩的人生打下了基础。

目标决定眼光的高度

人生一步步走过来，其实就是目标的一个个实现。人生目标可分为长期目标和短期目标。如果一个人没有长远目标，那么他的人生将是盲目的。但如果一个人没有短期的目标，他将不知道自己每天要做些什么，脚步不知道朝什么方向迈出。把你的人生长期的目标分解为一个个小目标，就成了每一个时期的短期目标，仿佛就像你人生中一个个小小的驿站。所有的短期目标都指向同一个方向，为长远目标做基础，这就是所有的成功者所遵循的公式。

古人告诉我们："千里之行，始于足下"。即使有了目标，实现它也需要一个过程。成功的人是最有理想、最明智，也是最有毅力、最坚定的。"不经一番寒彻骨，哪得梅花扑鼻香"。每一个成功者懂得一切的成功都不是一蹴而就的，都需要通过艰苦卓绝的努力，不断地改进和提高自己换来的。成功的人绝不会只把事情做完为满足，他会要求自己做得更好，不断地提升自己的能力，以取得更大的成功。

每个人都应该有自己的人生目标，从现在开始就制定下人生目标，从点滴做起，落实人生目标。抛弃那种无聊地重复着自己平庸的生活，努力去挖掘自己内在的潜力，激发自己的闪光点。相信是金子不论在哪里迟早都会发光的道理，不管遇到什么艰难险阻，终究会取得成功。因为，新生活就从确定目标之日开始。

要生活，而不是活着

拿破仑·希尔在《思考与致富》一书中写道："一个人做什么事情都要有一个明确的目标，有了明确的目标便会有奋斗的方向。"这样一个看似非常简单的问题，却困扰了多少人多少年。具体到某一个人的身上时，你才会发现，原来不是那么回事。

聪明的人，有理想、有追求、有上进心的人，一定都有一个明确的奋斗目标，他懂得自己活着是为了什么。因而他所有的努力，从整体上来说都能围绕一个比较长远的目标进行，他知道自己怎样做是正确的、有用的，否则就是做了无用功，或者浪费了时间和生命。

愚蠢的人，没有什么理想、追求；没有上进心的人，一生更没有什么目标。他同别人一样活着，但他从来没有想过活着有什么意义。这种人往往是在习惯性地活着，充其量是在活着，而不是在生活。因为他从来不追究人生的目的之类的事情，单纯的为活而活，只要可以活下去，其他的对什么都无所谓。

在西撒哈拉沙漠中有一个小村庄比赛尔，它在没有被发现之前，还是一块贫瘠之地，那里的人没有一个走出过大漠。据说不是他们不愿离开那儿，而是他们尝试过很多次都没能走出去。当一个现代的西方人到了那儿，听说了这件事后，他决心做一次试验。他从比赛尔村向北走，结果三天半就走出来了。

经过此事，他终于明白比赛尔人之所以走不出大漠，是因为他们根本就不认识北斗星。因此，他告诉当地的一位青年，要想走出大漠。只要白天休息，夜晚朝着北面那颗星走，就能走出大漠。那个青年照着他的话去做，三天后果然来到了大漠边缘。

这位青年也因此成了走出比赛尔的开拓者，他的铜像被竖在了小城中央，铜像的底座上刻着一行字：新生活从选定目标开始。

诚然，成功总会青睐那些有目标的人，鲜花和荣誉也从来不

会降临到那些每天无所事事、没有目标的人身上。

目标，也就是既定的目的地，你理念中的终点。

许多不成功的人，怀着羡慕、嫉妒的心情看待那些取得成功的人，总认为他们的成功有外力的相助，他们的成功有别人的帮助，于是就总是感叹自己的命运不好，没有生在"帝王之家"。殊不知，每一个成功者的背后都有一段让人感动的故事，另外，他之所以能取得成功，明确的目标是不可少的。

那么，该怎么制定自己合适的人生目标呢？

1. 目标要是实际的。

在你确定目标时，一定要根据自己的实际来定，不要好高骛远，只要能发挥自己的长处就可以了。如果目标不切实际，与自己的自身条件相去甚远，那就不可能达到。为一个不可能达到的目标而花费精力，同浪费生命没有什么两样。在实际的目标完成之后，再去想提升目标也不晚。

2. 目标要是明确的。

日常生活中，有些人也有自己的目标，但是他的目标很模糊，所以，在去实现目标的时候就很难去把握。这样的目标形成虚无。如果目标不明确，行动起来也就有很大的盲目性，就有可能浪费时间和耽误前程。生活中也有不少这样的人，他们各方面能力均好，就是由于确立的目标不明确，而最终导致自己一事无成。

3. 目标要是特定的。

明确好目标之后，一定要确定这个目标是不是特定的，不要让其他不重要的目标干扰。确定目标不能太宽泛，应该确定在一个具体的点上。如同用放大镜聚集阳光使一张纸燃烧，要把焦距对准纸片才能点燃。如果不停地移动放大镜，或者对不准焦距，都不能使纸片燃烧。

4. 目标要是专一的。

在确定好特定的目标以后，就要专一地去对待它，而不能经常变幻不定。

生活中有一些人之所以没有什么成就，原因之一就是经常确立目标，经常变换目标，所谓"常立志"者不好"立长志"者就是这样一种人。

5. 目标要是长期的、远大的。

一个人要想获得巨大的成就，要实现自己的伟大梦想，就要确立长期的目标，要有长期作战的思想和心理准备。任何事物的发展都不是一帆风顺的，没有人能随随便便的成功，也没有一条路是平坦的。

在生活中，一个人有了生活和奋斗的目标，也就产生了前进的动力。因此，目标不仅仅是一种方向，有了它，更是对自己的一种鞭策，一种鼓励。有了目标，就有了热情，有了积极性，有了使命感，你就会真心地为自己的目标去努力奋斗。

目标要是长期的、远大的、专一的

在一段时间内，目标必须要专一，目标专一，力量才往一处使。才能在胜利的喜悦中重新奔向下一个目标，积累出更多的自信。还是推崇以前的画圆策略，以目标为圆心，以对目标实现的作用大小为半径画圆，只在圆内活动，从圆心往外辐射，你就会有一个圆满的收获。

一个人的能力是有限度的，但不等于一个普通人不能在一个特定领域成就一项大事业。其中一个至关重要的问题就是要"专"！王选先生曾这样说：做事要有"在一平方英寸的面积钻一公里深"的精神。当今社会科技发展飞速，以我们的学识，想做到样样精通是不可能的。要发挥"钻一公里深"的精神，成为一个项目或一门技术的专家，甚至一辈子盯准一个目标，照样可以为社会做贡献。

让目的和过程都有质量

有目标的人是活得有意义的人，能看重人生本身这一过程并把握住过程的人是活得充实而真实的人——"不白活一回！"应该是目的和过程两方面都有质量。灵魂如果没有确定的目标，它就会丧失自己。

因为俗话说得好，无所不在等于无所在。明确的目标是人生奋斗的航向。

有一位农夫欲上山砍树，却忽然想到脚上的草鞋很陈旧了，于是匆匆忙忙地搓绳打草鞋，忙完草鞋又检查斧锯，发现斧子太钝，锯子已锈，于是决定重新订购斧子和锯子，后来又嫌新斧子的材质不好……等到他万事俱备准备出发时，大雪已经封山。于是农夫就抱怨：我的运气真是不好。

也许你看了这个故事会觉行好笑，可是在现实生活中，这样好笑的人还真不少。真的是那个农夫的运气不好吗？非也！这个农夫的问题不在于运气的好坏，而是他在确立目标时思考的方法不当。他的目标是在大雪封山之前完成砍树的任务，这与鞋子的新旧关系不大，工具生锈了，也只是磨一磨的功夫而已，他却选择重购。就是这样与目标无关的动作，他做的太多，以至于让他忘记了原来的目标，最后导致了砍树计划的落空。

人生目标的追求与实现也是同样的道理。如何防止偏离目标！首先在思路上要分清轻与重、缓与急，如果随意地胡乱瞎抓一气，结果只能是"事倍功半"，甚至是"劳而无功"。其次，在决策上要抓住目标的根本去实施和完成，不能不分主次，甚至把力气都使用到次要方面，造成了一事无成的局面。

有这样一幅漫画：一个青年为了找水源，就开始挖井，他一连挖了四五个深浅不一的井都没有出水。然后，他又开始了新一轮的挖井行动。在画面的说明文字上，可以反映出他的心思：这个井下没有水，再换个地方挖。而事实是什么呢，每个画面上显示，他只要在每个井下再坚持挖有一尺的距离，就挖到丰富的水源了。

这幅画告诉人们：他之所以一直找不到水源，是因为他不肯

在一个地方持之以恒地挖下去，结果白费了气力。它还告诉我们一个哲理：要想找到成功之源，除了肯花力气外，还要目标专一，持之以恒，坚持不懈，浅尝辄止者是不会成功的。

目标专一，才能更好地实现设定的目标，许多成功的例子证明了这确是一条必由之路。我国清代学者王国维曾总结了学习的三个境界。其一为志存高远，"昨夜西风凋碧树，独上高楼，望断天涯路"；其二为持之以恒，"衣带渐宽终不悔，为伊消得人憔悴"；其三为成功境界，"蓦然回首，那人却在灯火阑珊处"。我国著名思想家荀子也说过："锲而舍之，朽木不折；锲而不舍，金石可镂。"这些祖先留给人们的金玉良言在今天仍为可用，并将一直流传下去。自古以来，成功没有规则可循，但成功一定是有规律的。

坚持不懈的力量是无穷的

战国时期著名思想家荀子在他的《劝学》一文说道：蚓无爪牙之力，筋骨之强，上食埃土，下饮黄泉，用心一也；蟹六跪而二螯，非蛇鳝之空无可寄托者，用心躁也。

这一切都揭示出了这样一个道理：只有目标专一，才能心想事成！

对于每一位追求成功的人来讲，目标专一、坚持不懈的力量是无穷的。

英特尔是一家电脑晶片制造商，他们致力于把全部资源都放在制造更好的晶片上，使自己在不到 10 年的时间里就达到比电脑处理机速度更快 4 倍的能力。他们以一年快过一年的设计速度，不断推出处理速度更快的晶片，保持自己在世界上的领先地位。他们之所以有这样的成就，就是因为英特尔公司专心致力于微处理机的研制工作，目标专一，从来不去担心其他领域的任何事情，这样一种精神是他们飞速发展的武器。

　　一个人，能够认清自己，找到自己的方向，已经很不简单了。更不简单的是他是否能抗拒在成功路上的一些诱惑。许多人只是为了某件事情时髦或流行就跟着别人随波逐流，忘了衡量自己的才干与兴趣，最终找不到自我，所得只是追逐了一时的热闹，而失去的是真正成功的机会。

　　有这样一个故事，说的就是这样一个道理，故事里的主人翁是一个转不回来的人。有两个人结伴上山砍柴，可是有一个却忘记了带斧头，于是不得已的情况下，他只好去借斧头。他来到一个村子里，找到一个人，向他说明来意后，那个人说："要借斧子就去找木匠，他在后山住。"于是，这个人就急忙来到后山找木匠，找到木匠后说明来意后，木匠告诉他说："我的斧子坏了，需要拿到后山的铁匠那里去修。"接着，他又来到另一座后山，找到铁匠说明来意后，铁匠告诉他说："真是不巧，我没有木炭了，需要用斧子去伐木料烧木炭。"这时这个人便帮助铁匠去山上伐木料了，而他已把自己的事情丢在了九霄云外！

　　其实在生活中，有很多人和这个人一样，犯了同样的错误：总是在不断地转换自己的目标，每件事情都是半途而废，结果耗费了物力、精力、财力不说，到头了也是事与愿违，没有得到自己想要的那份结果。

　　大家都知道"大禹治水"的故事，他是中国历史上的治水英雄，他的成功正是对目标专注的最好的注解。大禹三过家门而不入，历经13年身体劳苦和忧心积虑，终于成为治水楷模的佳话，从而流芳百世。

在中外历史上，很多成功者都是目标专一的人，许多伟人为我们提供了榜样：美国作家海明威的作品以其自然、清新和精练而享誉世界，他那极为简洁的对话有着"电报式"的美称，当记者问他简洁风格形成的秘诀时，他说："站着写。"这不是幽默，而是事实。他对自己的写作习惯的解释是："我站着写，而且只用一只脚站着，采用这种姿势，使我处于一种紧张的状态，迫使我尽可能简短地表达我的思想。"

就是这样一种品质，这是这样一种专一的精神，才造就了一个又一个伟人。当然，要培养这种目标专一、坚持不懈的精神，也不是一朝一夕的功夫，它需要你长期的努力。老子说："合抱之木，生于毫末；九层之台，起于累土；千里之行，始于足下"。

任何事情都是从微小处萌芽，都是从头开始的，只有知难而进，不断地努力才能获得成功。只有朝着一个目标前进，才能到达理想的彼岸。

目标专一并非不求上进，而是一种锲而不舍。全神贯注的追求。不但要有魄力，而且要有定力，摆脱其他事物的诱惑，不为一切名利权位等中途易辙。这种定力是决定一个人能否成功的最重要的条件。

第四章

珍惜眼下，抓住当前

让人生的每一秒都过得有意义

人生是一张单程票，过去了就永远无法回头，所以，请把握当下的每一寸光阴。请你珍惜人生的每一天、每一刻、每一个瞬间！把你人生的每一秒过成永恒的辉煌！

因为，人生没有草稿纸，没有涂改液，而生活也不会给我们打草稿的机会，更不会让我们有重新来过的机会。所以，请把握好现在，认真地对待现在；珍惜你的拥有，留住现在的美好。

人生没有回头路

人生是一条直行线，只能往前，不能拐弯或者回头，就像一条封闭的单行道。在人生的这条单行道上，过去的不会再次出现，失去的就无法重新拥有。与你擦肩而过的风景就不会与你再相逢，这就是人生最为无情的一面：人生只有一次，走过就无法回头。

在这条人生的单行道上，一般而言，既宽又堵，宽是自由选择的象征，堵是命运多舛的暗喻。有的时候你能在这条宽阔的路上自由的行驶，有的时候却被堵的无法动弹。然而是宽是堵，是顺畅还是停滞，你都只能沿着这条道向前行驶，无法掉头。

既然人生不能掉头，不能重新开始，那么，我们就应该珍惜现在，珍惜我们的所有。让每一分，每一秒都过得十分的有意义。

汤姆·奥斯丁是一位名医，他越来越多地接触到因烦恼和忧虑而生病的人，他们总是因为过于烦恼以前和忧虑未来，长期闷闷不乐，毁坏了健康。为了更彻底的医疗好这些人的病，他给他们开了一个简单却有效的方子："每一个刹那都是唯一"，意思是说：我们活在今天，就只要做好今天的事就好了，无须担忧明天或后天的事；我们活在此刻，就要好好珍惜此刻的时光，因为每一个瞬间都是独一无二的。

他说："无限珍惜此刻和今天，还有什么事情值得我们去担心呢？每天只要活到就寝的时间就够了，往往不知抗拒烦恼的人总是英年早逝。"

的确如此，如果每天都处于忧虑中，身体就像一根绳子般，拉来拉去，迟早会被拉断。如果每天都在忧郁未来，痛苦过去，我们怎么能享受现在呢？

既然我们都人生不可以重来，所以，请用你的眼睛摄下每一瞬间的精彩，用肢体感受全部的美好，别让生命留下遗憾。

过好此刻才最真实

在做任何事情的时候都请全身心地去做。当我们吃的时候，要全然地吃，不管在吃什么：当我们玩乐的时候，要全然地玩乐，不管在玩什么；当我们爱上对方的时候，要全然地去爱，不计较过去，不算计未来，全然地投入，全然的享受。

就像《飘》的女主角郝思嘉一样，在烦恼的时刻总是对自己说，"现在我不要想这些，等明天再说，毕竟，明天又是新的一天。"昨天已过，明天尚未到来，想那么多干吗，过好此刻才最真实，否则，此刻即将消失的时光，要上哪里找去？

虽然，郝思嘉是小说里的人物，但是，她的理念和思想却是和我们的现实生活是相通的。

利明小时候跟外祖母长大，但在读小学的时候，他的外祖母过世了。外祖母生前最疼爱他，小家伙无法排除自己的忧伤，每天茶不思饭不想，也没有心思学习，整天沉浸在痛苦之中。周围的人都说他是个懂感情的好孩子，他的父母却很着急，因为，一天两天的伤悲是正常，一周两周的伤悲也可以理解，但大半年都过去了，他还时时哭泣，不肯好好吃饭和学习，他的行为严重影响了他的正常生活。

虽然，他的爸爸妈妈很着急，却不知道如何安慰他。有一次他的老师来到他家家访，看到此情形，决定要和小男孩聊聊天，帮助这个小男孩。

"你为什么这么伤心呢？"老师问他。

"因为外祖母永远不会回来了。"他回答。

"那你还知道什么永远不会回来了吗？"老师问。

"嗯——不知道。还有什么永远不会回来呢？"他答不上来，反问着。

"所有时间里的事物，过去了就永远不会回来了。就像你的昨天过去，它就永远变成昨天，以后我们也无法再回到昨天弥补什么了；就像爸爸以前也和你一样小，如果在他这么小的童年时不愉快地玩耍，不牢牢打好学习基础，就再也无法回去重新来一回了；就像今天的太阳即将落下去，如果我们错过了今天的太阳，就再也找不回原来的了。"

利明明白了老师所说的道理。从此之后，每天放学回家，在家里的庭院里面看着太阳一寸一寸地沉到地平线以下，就知道一天真的过完了，虽然明天还会有新的太阳，但永远不会有今天的太阳，他懂得不再为过去的事情而沉溺，而是好好学习和生活，把握住现在的每一个瞬间。他也顺利从失去外祖母的痛苦里走了出来，健康快乐地成长着。

是啊，每一天的太阳都是新鲜的，每一个刹那都是唯一的。过去了就无法再回头。所以我们需要格外珍惜人生的每一时刻。

有时候，我们以为人生可以重来。其实那只是自己的一个幻觉，我们最多只是在原地绕了一个圈，但行程的轨迹其实并没有与过去交接。等我们在下一个岔路口犹豫不决的时候，生命又多了许多旅痕，而自己并不知道需要不需要它。反而现在的美好会在我们的犹豫中消失不见。

所
有
的
努
力
只
为
遇
见
更
好
的
自
己

发现并珍惜身边的幸福

　　珍惜现在的拥有，其实并非安于现状自我陶醉，而是要有一份执着。不要等到我们想闻花香时，已是冰天雪地；不要等到想与青春共舞时，已白发苍苍，那样的人生充满了悔恨的泪水。时光不会倒流，这样只会给我们的人生留下深深的遗憾。

　　人类的眼睛似乎更愿意关注那些我们得不到的事物，忽视自己所拥有的。丰子恺曾说过"自然的命令何其严重：夏天不由你不爱风，冬天不由你不爱日。自然的命令又何其滑稽：在夏天定要你赞颂冬天所诅咒的，在冬天定要你诅咒夏天所赞颂的！是啊，这样的感觉几乎人人都有。"人类似乎总是缺乏发现身边幸福的能力。

用心发现身边的幸福

　　有一个魔法师，他时常帮助人，希望能感受到幸福的味道。

　　有一天，他遇见一个农夫，农夫的样子非常烦恼，他向天使诉说："我家的水牛刚死了，没它帮忙犁田，那我怎能下田工作呢？"于是魔法师赐给他一只健壮的水牛，农夫很高兴，魔法师在他身上感受到幸福的味道。

　　又有一天，他遇见一个男人，男人非常沮丧，他向魔法师诉说："我的钱都被骗光了，没有盘缠回乡。"于是魔法师送给他银两做路费，男人很高兴，魔法师在他身上感受到幸福的味道。

又一日，他遇见一个诗人，诗人年青、英俊、有才华而且富有，妻子貌美又温柔，但他却过得不快乐。魔法师问他："你不快乐吗？我能帮你吗？"诗人对他说："我什么也有，只欠一样东西，你能够给我吗？"魔法师回答说："可以！你要什么我也可以给你。"诗人直直地望着天使："我想要的是幸福。"

这下子把魔法师难倒了，他想了想，说："我明白了。"

然后把诗人所拥有的都拿走。魔法师拿走诗人的才华，毁去他的容貌，夺去他的财产，和他妻子的性命，做完这些事后，他便离去了。

一个月后，魔法师再回到诗人的身边，他那时饿得半死，衣衫褴褛地在躺在地上挣扎。于是，魔法师把他的一切还给他，然后，又离去了。半个月后，他再去看看诗人。这次，诗人搂着妻子，不住向魔法师道谢，因为，他得到幸福了。

有的时候，人很奇怪，每每要到失去后，才懂得珍惜。其实，幸福早就放在你的面前，只是你没有用心发现身边的幸福：肚子饿坏的时候，有一碗热腾腾的拉面放在你眼前，幸福。累得半死的时候，扑上软软的床，也是幸福。哭得要命的时候，旁边温柔的递来一张纸巾，更是幸福。

适合自己的就是最好的

幸福很简单，只要珍惜自己的拥有，为自己拥有地赶到骄傲，你就能发现身边的幸福。你就能把握住当下的时光，享受当下的幸福，留住现在的美好。

英国民间流传一个故事，叫《约翰逊的鞋子》，说英国有一种交换鞋子的风俗习惯：你往马路上一站，摆出一种特定的姿

势，表示愿意和别人换鞋子，别人愿意的话，你得出点钱贴补对方。约翰逊那天就站在十字路口和别人换鞋，换了以后，觉得仍不舒服，于是继续再换。钱一次一次贴了很多，直到傍晚时分才好不容易换到一双鞋，穿在脚上很舒适。回家一看，原来竟是自己穿出去的那一双。

是啊，多么有趣又多么富有哲理的故事啊！生活中，不少人常犯的一个错误就是很不在意自己已经拥有的东西，发现不了其存在的价值，把眼睛朝向外界，走不出"外来和尚会念经"的怪圈。萌生自己要和别人换鞋的念头是认为自己的鞋不如别人的，没有充分认识到自己拥有的东西的价值。须不知，适合自己的就是最好的，珍惜自己拥有的才是最聪明的。

所以，不必怀念过去，也不要期待未来，更不要羡慕他人，只要珍惜你的拥有，怀有一颗感恩的心，你就能感受到你身边的幸福。

幸福，从某种意义上说只是人们的一种感受，需要你用一颗真挚的心才能发现它。只有你用心地去感受，你身边的点滴都可以带给你幸福。其实，身边的幸福很多很多，不论是家庭里的欢声笑语，还是学习上的互帮互助……

机会是成功的催化剂

在你的生活中，你是不是也碰到过这样的人：他们很优秀，能力也很突出，只是他们生活得并不是很如意，也没有做出与他们能力相称的业绩来。这是因为他们没有遇到或者没有抓住机会。因为机会是成功的催化剂，是人生步步登高的阶梯。

其实，机会会公平地出现在每一个面前的，它没有势利眼，不存在厚此薄彼的问题。为什么有些人常常抓不住机会呢？机会就像风一样，有经验的船夫善于抓住风，张开帆，顺着风向，利用风力，使船只一日千里。不会利用的人，只好在原地打转转。

主动出击，抓住机会

善于抓住机会的人，在机会来临时懂得果断出击。

弗莱明是二十世纪初著名的药理学家，他在实验室用试瓶培养了许多用作实验的病菌。有一天，他发现其中一个试瓶因为不小心被不明物体侵入，一些培养在里面的细菌死了。弗莱明仔细分析这一现象，高兴异常，终于从中研究出这一不明物体，它为什么能杀死细菌，从而发明了拯救无数病人的抗生素。

这个故事有什么意义呢？第一，弗莱明是幸运儿，因为这个结果不是他操纵的或者是预期的，完全是一种偶然的机遇。第二，如果不是弗莱明，换了别人，就看不出试瓶里细菌死了的变

化，不懂其含义，也就把握不住这一千载难逢的机会。第三，如果弗莱明脑子简单，他也许就会把那个试瓶丢掉，换一个新的。幸亏他敏感，没有丢掉，这才抓住了这一机会。这就告诉我们，抓住机会，要靠敏感的观察力，还要有敏捷的出击力，否则，就会失之交臂。

很多机会都只有一次

有些朋友，我们以为有很多机会相见，所以总找借口推脱一些见面机会，想见的时候已经没了机会；有些话，本来有很多机会说的，却总想着以后再说，要说的时候已经没机会了；有些事，本来有很多机会做的，却一天一天推迟，想做的时候却发现没机会了；有些情，温暖了你很多年，你一直想报答，却总是难以开始，等想报答的时候，它已经消失了。然而，在我们的生命中，很多机会都只有一次，失去了它，你便失去了一种生活；得到它，你的命运或许就在机会中得到改变。

春秋时候，楚国有个擅长射箭的人叫养由基。他能在百步之外射中杨枝上的叶子，并且百发百中。楚王羡慕养由基的射箭本领，就请养由基来教他射箭。养由基把射箭的技巧倾囊相授。楚王兴致勃勃地练习了好一阵子，渐渐能得心应手，就邀请养由基跟他一起到野外去打猎。

打猎开始了，楚王叫人把躲在芦苇丛里的野鸭子赶出来。野鸭子被惊扰后振翅飞出。楚王弯弓搭箭，正要射猎时，忽然从他的左边跳出一只山羊。楚王心想，一箭射死山羊，可比射中一只野鸭子划算多了！于是楚王又把箭头对准了山羊，准备射它。可是正在此时，右边突然又跳出一只梅花鹿。楚王又想，若是射中罕见的梅花鹿，价值比山羊又不知高出了多少，于是楚王又把箭头对准了梅花鹿。忽然大家一阵子惊呼，原来从树梢飞出了一只珍贵的苍鹰，振翅往空中蹿去。楚王又觉得还是射苍鹰好。

可是当他正要瞄准苍鹰时，苍鹰已迅速地飞走了。楚王只好回头来射梅花鹿，可是梅花鹿也逃走了。只好再回头去找山羊，可是山羊也早溜了，连那一群鸭子都飞得无影无踪了。楚王拿着弓箭比画了半天，结果什么也没有射着。

这就是机会，它对每个人都是平等的，且稍纵即逝。与其放掉它再去后悔，不如果断出击，在开始的时候就牢牢地抓住它。

我们要明白，在生活中无论要干什么，都要把握住适当的分寸和尺度，所谓"该出手时就出手"，一旦错过了最好的时机，你将一无所得。幸运来时，好好把握享受幸运的度，切莫过于依赖幸运，而使自己沉沦不能自拔；不幸来时，要学会用乐观的心态去看待，时机一旦转变，不幸将可能转化为更大的幸运。

努力奋进，让自己更强大

现代社会竞争无处不在。当看到别人在某些方面超过自己的时候，不要盯着别人的成绩怨恨，其实，一个人的成功是因为付出了许多的艰辛和巨大的代价。更不要企图把别人拉下马，别人取得了成绩，不是对你的否定，别人得到了赞美和荣誉，并没有损害你，也没有妨碍你去获取成功。而应采取正当的策略和手段，在"干"字上狠下功夫，努力奋斗，从而让自己变得更强！

我们应该正确地看待他人的成功，正确地对待自己，远离内心嫉妒，努力奋进，让自己变得更强！

嫉妒能让人形成病态心理

嫉妒对人心灵的伤害很大，可以称得上是心灵上的恶性肿瘤。嫉妒的心承受着双重痛苦；一方面，为自己的失败或不幸而感到痛苦。另一方面，为别人的成功或者幸福而感到痛苦。特别是对于良心未泯的人，理智上知道不该嫉恨别人，情感上又甩不掉嫉妒的蚂蟥，更是被良心的痛苦缠绕着，背着自咎、自责的沉重包袱。如果一个人缺乏正确的竞争心理，只关注别人的成绩，嫉妒别人的成就，内心产生严重的怨恨，时间一久，心中压抑聚集，就会形成病态心理，对健康也就造成了极大的危害。没有了健康的身体，嫉妒者离成功只能是越来越远。

手握重权的人对他人的嫉妒还会让他演变成残暴的人。历史上因嫉妒而杀人并不在少数。

无论是因嫉妒而伤害了自己的身体还是因嫉妒而残暴，这些嫉妒他人的人都很难成功。所以说，嫉妒是走向成功的一大障碍。

守护良性嫉妒，让自己变强

每个人都是一个社会的人，社会是一个整体，它是由若干个团体组成的社会整体。任何人离开了团队，离开了社会，都将会一事无成。任何人的成功都离不开别人的支持和帮助，离不开团队和社会的认可。一个好汉三个帮，一个篱笆三个桩，说的就是这个道理。从古至今，没有哪个人是靠单打独斗闯出天下的。任何一个经常嫉妒别人，极端自私，搬弄是非的人，都不可能被团队和社会整体所接受。正因为这个道理，我们说宽容大度是成功必备的品质。那些知道嫉妒他人，不知道从自身寻找原因，让自己变强的人，一生都成不了大事。

有只鹰妒忌另一只比它飞得高的鹰，于是它对猎人说，你把它射下来吧。猎人说，好，你给根羽毛我放在箭尾，这样箭飞得远，我就能把那只鹰射下来。于是妒忌的鹰就在自己的屁股上拔了根毛给猎人。但是那鹰飞得太高了，箭到半空就掉了下来。猎人说，你再给我根你的羽毛，我再射一次。于是，妒忌的鹰又在自己的屁股上拔了根毛给猎人。当然，还是射不下来。一次又一次……最后，妒忌的鹰身上已经没有毛可以拔了，再也飞不起来了。猎人转向它说，那么我就抓你好了。于是就把这光秃秃的，妒忌的鹰抓走了。波普尔曾经说过："对心胸卑鄙的人来说，他是嫉妒的奴隶；对有学问、有度量的人来说，嫉妒可化为竞

争心。"

所以，我们应该远离恶性嫉妒，守护良性嫉妒，让自己变强。虽然有时面对生活和事业上的巨大落差，或社会的种种不公正现象，人们都难免会一时心理失衡和嫉妒。这时，要是实在无法化解的话，也可以适当地宣泄一下。可以找一个较知心的亲友，痛痛快快地说个够，出气解恨，暂求心理的平衡，然后由亲友适时地进行一番开导。发泄完以后你可能就会觉得好受许多。重新出发时，你可能又重新充满了力量。

良性的嫉妒能成为你前进的动力，坚信别人的优秀并不会妨碍自己的前进，相反，却给自己提供了一个竞争对手，一个比学赶超的榜样，这样，在今后的奋斗历程中你将会迸发出前所未有的力量。有了这样的力量支持，你就能坚持不懈地努力，那成功离你还远吗？

拖延是成功最大的敌人

任何事情都要从现在开始做，而不应拖到明天。虽然只是相隔一天的时光，但即使是一天的光阴也不可白白浪费。

这是个竞争激烈的年代，时间代表着效率。于是，我们从小就接受"今日事，今日毕"的教育。然而许多人还是喜欢把今天的事情推迟到明天去做，他们从不计划安排工作和时间，结果导致他们最终碌碌无为。

拖延是最大的敌人

拖延是最大的敌人。失败有千万个借口，成功却只有一种理由！"等会再做""明天再说"这种"明日复明日"的拖延循环会彻底粉碎制订好的全盘工作计划，并且对自信心产生极大的动摇。

而成功者总是想方设法保持着日清日高的习惯，决不把任务留明天。也正因为如此，他们才能完成了别人完成不了的任务，获得成功。

"不要往后拖延，把帽子扔过栅栏。"这是父亲在丹尼斯小时候常常教导他的话，意思是：当你面对一道难以翻越的栅栏并准备退缩时，先把帽子扔到栅栏的另一边，这样，你就不得不强迫自己想尽一切办法越过这道栅栏，而且不管你多么忙，你都会立

即安排时间来做这件事。

丹尼斯的父亲出生在美国距离堪萨斯州 160 千米的小镇。在 20 岁时，他离开了家庭和亲友来到堪萨斯州讨生活。当时他除了拥有一条小船外，一无所有。工作很难找，而他还要填饱肚子。在跑了几天，仍然一无所获的情况下，他想到了放弃，他想乘自己的小船再回到 160 千米之外的家乡去。但是，那样的话，自己就必须回到早已厌倦的贫困生活之中，不但不能够帮助家人，而且还要让家人为自己操心。他于是决定留下来，为了能够维持生存，也为了断绝自己再想回家的念头，他卖掉了自己的小船，用那一点点钱维持着自己艰难的生活。这下，他没有了退路，只能前进了。

不久，他终于找到了一份工作。尽管收入很微薄，但是他终于能够在堪萨斯州站住脚了。后来，因为一次偶然的机会，他跻身中产阶级行列。他告诉丹尼斯，如果你没有为一件事情安排时间，就把自己逼到绝境。不得不做的时候，你只有一个选择，那就是马上动手去做。

我们在生活中总有一些早就应该去做却一直拖着不去做的事情，尽管这些事情已经影响了我们的生活，但我们总是有一个借口：没有时间，以后再做。其实，这些想做的事，如果你马上动手去做，你的生活就会变得豁然开朗。

有助你完成行动的建议

生命中总有很多东西等待我们去学习和实践，但我们常常对自己说：明天我就开始运动，保持一个好的身材和身体；下周我要找个时间出去散散心，摆脱现在的困顿状态；退休后，我要开始学习画画和舞蹈，弥补我现在无法做到的生活……但在明日复明日的蹉跎中，我们依然一事无成。

所以，从现在起就下定决心、洗心革面。拿支笔来，将下面对你最有用的建议画条线，并且把这些建议写到另一张纸上，再将它放在你触目可及的地方，如此可有助你完成改革行动。

1. 列出你立即可做的事。从最简单、用很少的时间就可完成的事开始。

2. 持续 5 分钟的热度。要求自己针对已经拖延的事项不间断地做 5 分钟，把闹钟设定每 5 分钟响一次；然后，着手利用这 5 分钟；时间到时，停下来休息一下，这时，可以做个深呼吸，喝口咖啡，之后，欣赏一下自己这 5 分钟的成绩。接下来重复这个过程，直到你不需要闹钟为止。

3. 运用切香肠的技巧。所谓切香肠的技巧，就是不要一次吃完整条香肠，最好是把它切成小片，小口小口地慢慢品尝。同样的道理也可以适用在你的工作上：先把工作分成几个小部分，分别详列在纸上，然后把每一部分再细分为几个步骤，使得每一个步骤都可在一个工作日之内完成。每次开始一个新的步骤时，不到完成，绝不离开工作区域。如果一定要中断的话，最好是在工作告一个段落时，使得工作容易衔接。不论你是完成一个步骤，或暂时中断工作，记住要对已完成的工作给自己一些奖励。

4. 把工作的情况告诉别人。让关心这份工作的人知道你的进度和预定完成的期限。注意"预定"这个词汇，你要避免用类似"打算""希望"或"应该"等字眼来说明你的进度。因为这些字眼表示，就算你失败了，也不要别人为你沮丧。告诉别人的同时，除了会让你更能感受到期限的压力外，还能让你有听听别人看法的机会。

5. 在行事历上记下所有的工作日期。把开始日期、预定完成日期，还有其间各阶段的完成期限记下来。不要忘了切香肠的原则：分成小步骤来完成。一方面能减轻压力，另一方面还能保留推动你前进的适当压力。

6. 保持清醒。你以为闲着没事会很轻松吗？其实，这是相当累人的一种折磨。不论他们每天多么努力地决定重新开始，也不管他们用多少方法来逃避责任，该做的事，还是得做，压力不会无故消失。事实上，随着完成期限的迫近，压力反而与日俱增。所以，你千万不要拖拉，把今天的事留给明天去做，那样只会让你有更大的压力。

不要再为自己找借口蹉跎岁月了，从现在开始，日清日高，不把任务留到明天，这样你才能品味生活的美好。

人们习惯于做事总往后拖延一步，总愿意在行动之前先要让自己享受一下最后的安逸。只是在休息之后又想继续享受，这样直到期限已满行动也还未开始。事实就是，拖延直接导致行动的失败。

第五章

以积极的心态去面对生活

青春之路不彷徨

无论你是迷惘或是坚定，都无须惶恐。不要恐惧自己的迷惘，也不要在迷惘中变得不知所措，因为——无论你是内向或是外向，你是强大或是弱小，你也会经历迷惘，最终走出迷惘。

决定人命运的不仅仅是所处的环境，重要的是心态。心态控制了人的行动和思想，也决定人的视野、事业和成就。面对先天的环境、财富青少年无法改变，但青少年有选择是欢天喜地地努力，还是忧愁不已地活在埋怨中的权利。

换种心态去对待生活赐给每个人的一切，你会发现，原来一切都还是那么美好，也是青少年走向成功不可或缺的财富。

不断找到新的目标

雪地上，如果你的眼前总是白色，并且一马平川，一望无际，那么十有八九，你会患上雪盲症。研究表明，人的眼睛，原来是需要从一个目标到另一个目标的不断转换。如果它在一定的时间里寻找不到一个可以参照的目标，它就会因焦虑、疲劳和迷茫而失明。

事实证明，眼睛总是要看到些什么才行的。

人们在茫茫的大海上，如果眼睛总是注视着平静而无边的海水，人不但感觉不到平静的所在，反而会感到紧张和无所适从。因此，人在面对茫茫大海时，产生的反应总是不敢长久地看下去，尤其是面对四周望不到头的海水。所以人在海上，目光总是要禁不住地去寻找一只鸟，一座岛，或一条船。

而人的心和眼一样，是需要不断找到目标的，否则就会因为不适而生病。

许多人在命运的转换中，之所以会感到焦虑与不适，皆是因为内心的空泛和茫然。一些从工作岗位上退下来的人，身心之所以出现疾病，原因也是因为人生突然失去了目标所致。

研究表明，无论什么人，无论他的生活状况怎么样，他的心，都是要有目标的。即落在某一个目标上，否则他就会茫然失措。

十九世纪，有一艘从美国前往荷兰的商船，不幸在海上遭遇了强台风。

在与强台风激战了几个小时后，商船撞上了一个小岛，变成了一堆碎片，所幸船上的人都成功地攀上了小岛。

尽管一船货物全打了水漂，但人们随身携带的物品包括食物与枪支还在。也就是说，基本生活与人身安全还是能保证的。可是，虽然不至于饿死，也不必害怕海盗和野兽的侵袭，但总不能在这个小岛上待一辈子吧。

渴望离开小岛的人们开始寻找各种机会。他们一致认为，要想离开小岛，首先得有一艘船。于是，有人自告奋勇地去砍伐树木，可是，还没有砍倒几棵树，他们便一个个累得气喘吁吁了。

很显然，就凭他们几个人的力量，是砍不够所需的木头的，就更别说造一艘船了。

有人出主意，不如拿钱雇用岛上的居民。谁知，那些世代生活在岛上的居民根本就没见过他们的钱，也不知道那些钱有什么用，所以，也就没人愿意给他们干活。

还有人出主意，不如用枪逼迫岛上的居民，用武力来让他们去砍伐树木，建造船只。这个方法确实奏效。但随后他们便发现，那些干活的人，大都是些跑不动的老人，而年轻人早跑得没影了，更令他们没想到的是，不久，那些年轻人便拿着长矛大刀将他们围了个水泄不通。

最后，一个叫普林顿的人，站了出来，他只不过跟岛上的居民比画了几下，很快就解决了问题，并最终成功得到了一艘船。

其他人不解地问普林顿："我们用金钱、用武力都没有解决的事情，你怎么比画了几下就解决了？你究竟跟他们比画了些什么？"

普林顿说："我只不过是拿着绘有城市的图画，展示外面世界的新奇。看着他们由疑惑到渴望的眼神，我比画着告诉他们首先得有一艘船！"

如果你想造一艘船，先不要雇人去收集木头，也不要给他们分配任何任务，而是去激发他们对海洋的渴望。

现代人的紧张、彷徨、压抑，不明的痛苦，实际上都与内心目标的不明或失去有关。

心与眼是一样的，人的一双眼睛总是在不停地寻找着目标，而人的心，看似混乱，其实每时每刻都是被特有的目标所固定着的。一颗心，永远都是要挂在某个目标上的。

　　一旦内心的目标失去，人就会自动地去寻找新一个目标，否则人根本无法活下去。

　　人生不能没有希望，我们的一颗心，无论何时何地，都是要有目标的。短暂也好，长久也好，人，什么时候都要鼓起勇气，去寻找心上的目标。这便是出路，也是人生，更是一种积极的，光明向上的生活态度。

谁的青春不迷惘

　　每个人都有过青春，所以每个人都有青春的回忆，因而也会有关于青春的文字。在这些文字中，有哀叹青春的易逝，有怀念青春的快乐，还有回忆青春的伤痛。但它们大多是在劝导人们要珍惜青春，好好读书，莫要"白首方悔读书迟"。但关于青春最美丽的文字还是关于迷惘。

　　青春是迷惘的。青春时的我们仿佛站在一个个十字路口，面前有着很多的选择。我们常常不知所措，所以我们常在找寻，找寻自己的方向、目标和梦想。

　　青春时的我们却又是倔强的。即便再迷茫，我们也会坚持最开始的梦想。我们会为我们的梦想而敢于和世界碰撞，哪怕收获遍体鳞伤

　　德莱赛说："青春是无法挽回的美丽。"因为时间永不停歇且无法返回，所以每个人的青春只有一次。但青春又是美丽的，因为它是时间赐予人们的礼物。人们之所以写关于青春的文字，是为了纪念他们逝去的青春。就如同沙子从指缝中流下后，仍会留下金黄色的尘埃，证明他曾经存在过。

　　人的许多苦恼，实际上也是因为人生目标的消失和转移，尤其是在前一个目标消失，后一个目标还没有出现时，人便会感到

异常的焦虑。这就是人为什么在生活中，有时会感到某种说不出来的苦恼所在。可见，一个人，内心失去目标是极为危险和可怕的事。

跨越征程，感悟精彩明天

我们的成长之路坎坷曲折，有过成功，有过失败；有过欢笑，有过痛苦；有过暴风骤雨的摧残，有过艳阳高照的沐浴；埋藏你的过去，让你的明天更精彩，阳光更灿烂。

过去的一切都已成为故事，昨天都已成为过去，让昨天随风飘散，识时务者为俊杰。挥别过去才能攀越巅峰；过去已成为历史，把历史甩到身后，才能去开创更灿烂辉煌的明天。放弃过去，跨越征程才能感悟更精彩的明天；跨越征程，每天都是精彩的，都是新的，每天的阳光都是新的，都是灿烂的。

让心灵洒满阳光

很多学生认为学习很苦、很累，殊不知影响自己前进的不是学习内容，而是对学习的态度，对待学习的心境，

第二次世界大战时，有两个人被关在纳粹集中营的一间狭窄的囚室里，他们唯一能了解世界的地方，是囚室里那扇一尺见方的窗户。其中一个人总是愁苦地看着窗外的高墙和铁丝网，而另一个人却总爱看窗外的天空，看蓝色天空中的小鸟自由的飞翔。半年后，前者因忧郁而死在狱中；后者却坚强地活了下来，直到获救。

同样身陷不幸和苦难，结果却迥然不同。其实人的心境，就

像天空一样，有时会阳光灿烂，有时却会阴霾密布。在人生的道路上，只要我们让自己的心灵洒满阳光，就会迎来春暖花开的春天。

曾有一位画家，画了一幅自我感觉非常完美的画，他希望得到别人的认可。于是便将画拿到街上挂了起来，并请路人圈出画上的缺点。过了一天，待他将画带回家观看时，画上到处都被圈了出来——没有一处优点，他心灰意冷，悲哀极了，决心洗手不再作画。后来他的朋友建议他再试一次，不过这次是请路人圈出画上的优点，待他再次将画拿回来看时，他大吃一惊：原来被圈上认为不好的地方，现在也被圈上了——没有一处缺点。于是，画家重新拿起画笔，满怀信心地画了起来，最终，他成了一位举世闻名的画家。

同样一个人，何以会出现如此不同的结果？无疑，是画家的心境起了作用。第一次让别人评画，给满怀希望的画家泼了一瓢冷水，浇灭了他心中的希望，使阴影笼罩心情；第二次让别人评画，却让他的心里充满了阳光，重新燃起了希望之火，满怀信心地朝着自己的目标前进，最终实现了自己的理想。

美国有一位叫亨利的青年，三十多岁了仍一事无成，他整天唉声叹气，觉得自己一无所长，只能荒度人生。

一天，他的一位好友拿着一本杂志找到他，认真地说："这本杂志里讲拿破仑有一个私生子流落到美国，这个私生子又有一个儿子，他的全部特点跟你一样，个子很矮，讲的也是一口带法国口音的英语……"亨利半信半疑，拿起那本杂志想了很久，终于相信自己就是拿破仑的孙子。

此后，亨利完全改变了对自己的看法。以前，他以个子矮小而自卑；如今他欣赏自己的正是这一点，"矮个子真好！我爷爷就是以这个形象指挥千军万马的！"以前，他觉得自己英语讲得不好，而今他以讲带有法国口音的英语而自豪！当遇到困难时，他会认为"在拿破仑的字典里没有'难'字"。就这样，凭着他是拿破仑孙子的信念，亨利走出了心中的阴霾，走进了自信的阳光里。他微笑着走出家门，轻松地去寻找工作，无论做什么都全身心地投入，他相信自己能行，因为他是拿破仑的后代。三年后，他终于成了成功人士。

后来，他请人调查自己的身世，才知道自己并不是拿破仑的孙子。但他说："现在我是不是拿破仑的孙子已经无关紧要了，重要的是我懂得了一个成功的秘诀：当我自信时，成功就在向我靠近。"

亨利的成功，是那本杂志中关于他"身世"的信息，给他阴沉的心灵洒满了接纳自己、相信自己，甚至欣赏自己的阳光，在这阳光的照射下，他竭尽所能去工作、去生活，最终取得了成功。

人的心境能决定一个人的命运。在人生的道路上，我们何不让自己的心灵洒满阳光，去收获阳光照射下的累累硕果呢？改变心境，就能改变命运。

青春只有今天和明天

失意之时莫要失志，每天的阳光都是新鲜的，给自己一份阳光的心情。学会懂得有的放矢，无的得矢；锲而不舍与锲而舍之；放下昨日和过去让一切随风飘散，给昨天和过去画上一个句号，展望明天的阳光，用心境去为明天铺垫，写下一首生命的凯歌。

1. 昨天已于昨夜结束

生命只有今天和明天，昨天已经结束，别让今天为昨天买单，有种幸福叫作忘记，忘记之后才是豁达的人生时时清理记忆的抽屉，明天的阳光才会是新鲜的。明天的征程才会轻松。

2. 太阳每天都是新的

你还在沉溺于昨日的烦恼或者荣誉之中吗？你还在背负着沉重的包袱迟迟裹足不前吗？你还在一直认为昨日的挫折就是彻底的失败吗？假如这些想法一直在你的脑海中挥之不去，那么朋友你真的是要把自己葬送了。忘记昨天，把它隐藏，因为那并不代表你的现在和将来，放弃该放弃的，从头再来。因为每天阳光都是新的，每天的都是一个艳阳天。

3. 给自己一片阳光

你的成功只在你未来的旅程之中，前方的风景才是最美丽的，放下自己肩上的包袱，轻装上阵，用一个崭新的自我去走人生征程为自己踩出一条幸福的人生道路。每天给自己一片阳光，把过去和昨天遗忘，用绿茶般的心境潇洒去走自己的人生路。

人生本来就是一个不断重新开始的过程，新的开始，也就是新的希望，一片灿烂的天空。今天既是一个结束又是一个开始，昨天成与败都好，都可以重新开始，重新开始我们的人生。不停地反复着，不断地努力着，重新开始自己的人生。不断地努力进取，完善着我们的人生。

别让消极的泪水布满你的眼帘

对于成长之路，人们有很多形象的比喻。有人说成长的过程就像剥洋葱，一层层地剥开，终有一片会让你落泪，也有人说，成长是由无数烦恼组成的念珠，但需要我们微笑着把它数完。更有人说愁眉苦脸地成长，成长的旅途必然淌满泪水，而爽朗乐观地成长，成长的历程必将笑容满面。成长，就是从泪水中学会微笑的过程！

微笑意味坚强

每个人的成长过程，都在高潮与低潮的轮回中沉浮，在四季循环往复之中，成长包含着酸甜苦辣，在成长的路上也许我们曾经泪流满面，也曾经笑若桃花。既然艰辛与挫折无法逃避，困难与挑战无可避免，何不笑对成长之种种呢？殊不知，消极的流泪代表懦弱，积极的微笑才意味坚强！

一位哲人在面对秋天瑟瑟飘零的落叶时大笑道："它不是凋零，不是陨落，它是胜利者的凯旋。"哲人不仅有笑对叶逝的明朗心境，还有更换心态看待事物的勇气。花中有刺与刺中有花不仅顺序有异，也有积极与消极之分，前者是泪洒消极，后者则是笑对积极。

在泪水中学会微笑，可以让你从容面对成长的坎坷，可以驱

散少年的阴霾，化干戈为玉帛。可以增强信心，激发斗志，斧正思想，润清灵魂。古今中外，微笑诠释着一切美好，蒙娜丽莎的微笑散发着魅力，凡·高的微笑交织着执着，莎士比亚的微笑充盈着博大深邃；狄更斯的微笑深含着内蕴和高远。他们也曾遭遇过成长的痛苦和折磨，既有生活的困窘，有创作的彷徨，也有思想和作品不被人接受的无奈……然而，他们最终在泪水中，不仅学会了隐忍的微笑，也学会了坚强与勇敢。

成长是一条艰辛的路，是一段艰难的旅程，泪中带笑需要一颗坚强的心。早晨的微笑预示着有美好一天的开始，你的激情会因此而涌起，热情地投入到今天的奋斗之中；中午的微笑是对继续前进的加油蓄注，奋斗在海面上的悠悠远航再接再厉；晚上的微笑是收获了一天的满足，是对自己的肯定，是为踏上新的征程积蓄力量。

年少的你有泪不轻弹，不必抱怨学习中太多的压力，微笑会将所有的压力化为通往成功的铺路石，也不必担心前进有道路上太多的困难，微笑会让你看清这一切荆棘只不过是披着狼皮的羊，更不必责备上天的不测风云与旦夕祸福，微笑看待这天将降大任于斯人的准备。流泪是懦弱的表现，微笑是坚强的象征，成长之路上，再大的困难也要擦干泪水昂首阔步，再多的挫折也要用微笑串起一道道美丽的音符！

微笑可以化解苦难

微笑是世界上永不凋零的一种花朵，不分四季，不分南北，它会在困境之中顽强地绽放。用微笑把成长中的泪水埋葬，即使你饥寒交迫，也能感到人间的温暖；即使走入绝境，你也会重新看到生活的希望；即使孤苦无依，你也能获得心灵的慰藉。

有一个寓意深刻的故事：有一年冬天，父亲到院子找柴火，发现自家培育多年的准备建房用的大树竟然毫无生气，叶子也掉光了。他以为自己多年的心血全没了，便失声痛哭并砍断了枝丫。儿子却笑着说，明年春天，它肯定能再长起来的，并辛勤地护理起残存的树桩来。第二年春天，枯树上真的意外地萌发一圈嫩芽，它居然活了下来！成长的路上，我们也会面临失望以及遗憾，或曾流泪沮丧，又或笑融冰雪。但要始终铭记住，用微笑便能埋葬泪水，收获新的希望。对一切事物都要在笑容里充满信心，不要闷闷不乐时就放声痛哭，也不要在情绪低谷里掩面而泣，坚强的微笑后面总是晴天。毕竟，冬天到了，春天还会远吗？笑对成长的苦与忧，相信生命的枝头不久就会萌发新芽！

有人曾这样说过："人，不能陷在痛苦的泥潭里不能自拔。遇到可能改变的现实，我们要向最好处努力；遇到不可能改变的现实，不管让人多么痛苦不堪，我们都要勇敢面对，用微笑把痛苦埋葬。有时候，生比死需要更大的勇气与魄力。"用微笑埋葬泪水，便能在成长的旅途中感受到清风抚摸树林的温暖，夕阳燃烧天空的炽热，浪花冲刷礁石的激情……泪光闪闪之中若含盈盈笑容，便是快乐的诠释，幸福的真谛，温暖的意义，更是坚强的象征。

在成长中，要学会拥有阳光雨露，鸟语花香，在生活中夹杂着欢乐喜悦，烦恼忧伤，成长是化茧成蝶，破蛹而出的过程，虽有难挨的煎熬和难耐的疼痛，但纵览全局，却总是美丽动人的，不是成长旅途困境重重，不是前进路上荆棘密布，只是很多人知道眼泪中也可以含有微笑。

始终保持热情

世界上最糟糕的事莫过于丧失热情，只要保持热情，即便失去一切，也会东山再起。如果我们每天都能充满热情，不但自己受益，还可以使周围的人和我们一样过着积极而快乐的生活！何乐而不为呢？

如何走出困顿，迈向新生活的？从成功者的实践看，一个人的成功，与其倾注的热情有很大关系。

屡遭挫折而热情不减

在面对挫折时，是否能有坚定的信念？不轻言放弃，不轻易动摇？在漆黑无尽的暗夜里，能否守过黑夜，迎来曙光？绝不轻言放弃，让我们用那颗永不服输的心，去克服重重难关，突破每个艰难瓶颈，人生，将会在这坚韧的奋斗中，踏上新的高峰！在历史上有一个很有名的故事，说的是一个在外与敌国作战的将军，由于种种原因总是吃败仗。在又一次被敌人打败之后，他急奏皇帝，一方面报告情况，一方面寻求对策，要求援兵。他在奏折上有一句话是"臣屡战屡败……"。他看着这个奏折，觉得不妥，于是拿起笔，将奏折上的这句话改为"臣屡败屡战……"，原字未动，仅仅是调整了顺序，顿时将原本败军之将的狼狈变为英雄的百折不挠。这里我们不关心这个故事表达的权谋方面的含义，我们探究的是为什么"屡战屡败"会传达给人痛苦，而"屡败屡战"则带给人希望。科学家曾经做过一个有点残忍的实验：将小白鼠放到一个有门的笼子里，笼子的底是金属的，然后，给笼子底通上电流，使小白鼠受到虽然不致命，但会引起痛楚的电击。如果将笼子门打开，小白鼠会立刻跑出笼子以逃避电击。但如果用一个玻璃板将笼子门堵住，那么小白鼠在遇到电击往外跑的时候，就会在玻璃板上撞一下，然后被挡回来。重复给笼子底通电，使小白鼠一次又一次地在企图逃跑的时候受到玻璃板的阻碍。最终，小白鼠学会了屈服，它伏在笼子里，被动地忍受着电击的折磨，完全放弃了逃跑的企图。这时，即使笼子门上的玻璃板移走，而且让小白鼠的鼻子从门伸出笼外，它也不会主动逃出笼子，而是绝望而被动地忍受着痛苦。小白鼠的这种状态，在心理学上被称为"习惯性无助"。习惯性无助是描述动物（包括人在内）在愿望多次受挫以后，表现出来的绝望。这时的基本过程是退缩和放弃，对人来说，还有自我怀疑、自我否定和自我设限等，使人变得悲观绝望、听天由命，听任外界的摆布，任自己的随着外力的强弱而波动起伏。

具有积极向上的力量和勇气

拿破仑·希尔曾经说过，如果你有一颗热情的心，那么毫无疑问，现实将会给你带来奇迹。

他回忆说，一次，在一个浓雾之夜，他和他的母亲从美国新泽西州出发，乘船渡江驶往纽约的时候，母亲看着滔滔江水，喜气洋洋地说："这是多么惊心动魄的情景啊！"

"有什么出奇的事情呢？"拿破仑·希尔不解地问。

拿破仑的母亲虽然年岁很大了，但她的声音里依旧充满了热

情："你看，那浓雾，那船工的号子，那船只四周若隐若现的光芒，还有消失在雾中的风帆，这一切多么动人而美好，多么令人不可思议啊！"

当时，或许是被母亲的热情所感染，拿破仑·希尔也被那厚厚的白雾，那远处若隐若现的船只所吸引。他说，那一刻，自己那一颗一向迟钝的心，似乎突然得到了滋润，它开始渗透出一种新鲜的血液。从此他对于世界多了一颗探索之心和一种热爱之情。他感受到了人间万物的壮美景象。

母亲注视着拿破仑·希尔，微笑着说："亲爱的儿子，一直以来，我从来都没有放弃过给你各种人生忠告。不过，无论以前的忠告你接受与否，但这一刻的话语，你一定要永远牢记。那就是：世界从来就有美丽和幸福的存在，她本身就是如此迷人，令人神往，所以，你自己必须对它拥有不倦的热情。这是你一生幸福的保证。"拿破仑·希尔一直牢牢记住母亲的这些话，而且努力体会、感受世界，始终让自己保持着一颗充满热情的心。这使他不论在怎样的环境下，始终具有积极向上的力量和勇气。

热情，一方面是一种自发的素质，能使你始终保持自身的活力与斗志，同时，它又是一种珍贵的能源，能帮助你集中全身力量，投身于某一项事业或工作中，并获得巨大的驱动力。请你务必时时以热诚来面对生活中所有的事，能够让别人看得到你发自内心的美。此刻起，开始和朋友分享你的热诚。

热情是心中的一支火炬，当它熄灭了，我们便不再相信真、善、美和奇迹，我们便陷入万劫不复的黑暗境地。艺术落入俗套，文学味同嚼蜡，我们的面孔，也因麻木而失去光彩。重新燃起我们的热情，重新塑造一个全新自我，这就是我们要做的。

心态改变命运

心态决定一切，心态好了看着什么都顺眼，做起什么事都顺心。就如法国著名作家拉伯雷所说的："生活是一面镜子，你对它笑，它也会对你笑；你对它哭，它也会对你哭。"如果每天都能保持乐观的心态，那么，每天的生活都是快乐和充实的。

以愉悦的心情对待事物

当你看到只有半杯水的咖啡时，你会怎么想呢？你会说"我还有半杯咖啡"，还是会说"我只有半杯咖啡"。"还有""只有"仅一字之差，但表现出的却是完全不同的人生态度，一个是积极乐观，一个是消极悲观，而注定的结果就是一个成功，一个失败。在人的一生中，成功之路也不是畅通无阻，难免会遇到一些挫折，面对挫折和困难，心态积极、乐观向上的人会接受挑战、应对挫折，无论做什么事都会以愉悦的心情对待，自然就有成功的机会，也可以说已经成功了一半；而消极悲观的人，总是怨天尤人、夸大困难，结果只能是碌碌无为，从而使自己的人生路走向下坡，掉进失败的深渊。

乐观者因积极的心态，所以总是可以保持清醒的头脑，在危难中找到转机；悲观的人即使给了他机会，他的眼里也只看得到危难。

有一个国王想从两个儿子中选择一个做王位继承人，就给了他们每人一枚金币，让他们骑马到远处的一个小镇上，随便购买一件东西。而在这之前，国王命人偷偷地把他们的衣兜剪了一个洞。中午，兄弟俩回来了，大儿子闷闷不乐，小儿子却兴高采烈。国王先问大儿子发生了什么事，大儿子沮丧地说：金币丢了！国王又问小儿子为什么兴高采烈，小儿子说他用那枚金币买到了一笔无形的财富，足以让他受益一辈子，这个财富就是一个很好的教训：在把贵重的东西放进衣袋之前，要先检查一下衣兜有没有洞。

随着信息时代的来临，社会的竞争也越来越激烈，对于肩负使命的青少年来说，也将要面对更多的压力与挫折，用怎样的态度去对待生活也决定了日后会有怎样的未来。其实，困难就像弹簧，你强它就弱，你弱它就强，生活中很多失败，并不是因为我们能力不行，而是给了自己的悲观。所以说困难并不可怕，只要你能乐观地看待所面临的一切，你就能站在巨人的肩膀上，获得比顺境更为强大的力量，看得更高走得更远。

快乐是一种积极的处世态度

面对现实，以及面临生存的竞争，怎么怎样才能使自己的心理保持乐观的心态，使乐观成为不可或缺的维生素，来滋养自己的生命呢？

对于每一位青少年来说，"乐观"两个字都是说起来容易但做起来难。英国思想家伯特兰·罗素曾说过："人类各种各样的不快乐，一部分是根源于外在社会环境，一部分根源于内在的个人心理。"也就是说悲观随处可以找到，但要做到乐观就需要智慧，必须付出努力、敢于面对现实，才能使自己保持一种人生处处充满生机的心境。

人们无法通过自身的努力去改变自己的生存状态，但人可以通过自己的精神力量去调节自己的心理感受，让自己达到最好的状态。要拥有乐观的心态，必须让自己的眼光停留在积极的一面，就如太阳落山后，伴随着黑夜的来临，也还可以看到满天闪亮美丽的星星一样。世界是向微笑的人敞开的。乐观是人快乐的根本，是困难中的光明，是逆境中的出路，乐观能让你收获果实，收获成功，改变现状。

以不同的心态去看待身边的事物，就会收到不同的效果。乐观的人总是能从平凡的事物中发现美。其实，生活中从来都不乏欢乐，只要你用心体会。正如一位有智者所说："一个人感兴趣的事情越多，快乐的机会也越多，而受命运摆布的可能性便越少。"当代青少年也应拿出面对生活的勇气，不要总是抱怨逆境，也不要把逆境当作是一种不幸，而是用积极乐观的人生态度，透过脏兮兮的窗户玻璃看窗外美丽的景色。

对于青少年来说，不论何时何地，不论做什么事，都要端正自己对生活、工作及学习的态度。要学会用积极的心态去发现生活中人或事美好的一面，热情地生活，愉快地工作，轻松地学习，以乐观旷达的胸怀面对每一天。

别让失败控制你的情绪

成功者充满自信，所以在对人处事上态度和蔼可亲。失败者因为缺乏自信，外表上总摆出强者的姿态。成功者全神贯注地盯着机遇。失败者的眼中只有困难和问题。成功者抓住一切时间用于充实自我、完善自我。失败者却把这些时间荒废在了对别人的批评上。失败并不等于自己是一位失败者、不等于自己比别人差、不等于命运对自己不公、不等于自己一无是处、不等于自己浪费了时间和生命、不等于自己是一个不知灵活性的人，失败只能说明自己暂时还没有成功。笑着面对失败，在失败中感悟成功的真谛，感受成功的光环的照耀。

认识失败中蕴藏的积极道理

很多人不能接受失败，选择放弃来逃避。比如，放弃名誉、利益、权力，甚至于自己的生命。其实，这些面对失败选择逃避的人所不明白的是，即使逃避、哭泣都无法改变已经成为事实的东西，只有微笑面对它，接受它，了解它，剖析它，才能很好地战胜它。

成功和失败两者之间本身是相辅相成、互为前提而存在的，每个人的奋斗过程都是两者交织的过程，没有成功，就无所谓失败，同样，没有失败，也谈不上成功。成功能给我们带来了欢乐和收获，而失败却能给我们带来经验和教训，让我们品尝百味人生，只要真心地奋斗、努力过，那么即使失败了也是一种成功，失败要比成功更加可贵。所以，对于青少年来说，一定要抛弃自己脑中固有的观念，笑对失败，方能认识到失败当中蕴藏的积极道理，获得成功人生。

失败未必是厄运

"失败是成功之母"，这句耳熟能详的名言，相信几乎所有的青少年都听过，但真正理解并做到的人却是屈指可数。现在的青少年大都生活在和谐的社会背景中，成长在温室般的家庭环境下，几乎没有遭遇到过较大的失败，或者说他们的人生还没有开始经历失败。因此，稍微有一点不如意就容易心灰意冷，失去斗志。其实大可不必这样。

吉姆·贝利现在是一名法官，他说罗姆尼最好的体育表现是头一次参加全国棒球巡回赛，不过在人声鼎沸的体育场以失败告终。尽管在公众面前挫败，但这没有影响罗姆尼的心情，他只是耸耸肩一笑而过。有时错误会让人迷失方向，但是罗姆尼退后一步，然后仔细思考在原来的基础上怎样才会走得更好。

终于，罗姆尼在共和党内初选失败的情况下再次出山，接受新一轮的挑战，这是经过四年的反思后作出的决定。他希望通过经验积累，成功踢走挡在他面前也曾是他父亲面前的通往总统之路的绊脚石，击败党内对手，成为一名共和党总统候选人。

古人有云："胜败兵家事不期，包容忍辱是男儿，江东子弟多才俊，卷土重来未要知。"也有言："一次的成功是由千百次的失败累积起来的。"青少年没必要把失败看得如同豺狼虎豹，换个角度来品味一下，就会发现其实失败对我们来讲未必就完全是

一个厄运，也许它倒是磨炼青少年意志的一块绝佳的砺石呢！大千世界，芸芸众生，有谁又是常胜将军呢？

每个人心中都有一种潜在的、下意识的失败感，不被这种感觉影响的人往往是最后的成功者，而被这种感觉控制住的人则难逃失败的厄运。诚然，失败会让人痛苦，但却让人有所收获，而这种收获让人受益匪浅。

第六章

付出总有回报，努力才有未来

机遇像闪电，抓它要果断

认准了的事情，就不要优柔寡断；选准了一个方向，就只管上路，不要回头。要知道，机遇就像闪电，只有快速果断才能将它捕获。立即行动是成功人士共同的特质。如果你有好的想法，就应该立即行动；如果你遇到了一个好的机遇，就立即抓住它。只有行动起来，成功才会成为可能。

生活中没有100%稳赢的事情，只要有50%稳赢的概率就应该赶快付出努力，拿出行动，而不要犹豫不决。做生意、创业、投资都不是问题，只要下定决心、学好模式、用好技能、克服恐惧和障碍心理，看准了就采取行动，那么，我们就有了努力后获取成功的机会。

总有些人光说不做

在生活中，有很多人做事总是拿不定主意，失去了许多取得成功的机会，这都是他们心中的犹豫在起破坏作用。犹豫是一种不好的恶习。为什么这么说呢？

生活并不缺少机遇，而是缺少发现机遇、抓住机遇的眼光。

生活中许多人总是埋怨没有机遇，实际上该怪自己眼光不够机敏。许许多多的机遇就在你的眼前，就看你能否发现它们了。

一家英国鞋厂和另一家美国鞋厂，各派了一名推销员到太平洋的一个岛屿去做推销工作。上岛后，他们各自给鞋厂打回一封电报。英国推销员那封电报是："这座岛上的人不穿鞋，明天我就搭头班飞机回来。"另一封电报是："棒极了，这个岛上的人都还没穿上鞋子，潜力很大，我拟常驻此岛。"面对同样的状况，一个看到的是"失望"，一个看到的是"机遇"。可见，缺乏机敏眼光的人就是机遇摆在面前也不知道，而眼光机敏独到的人就连别人看不到的机遇也能发现。

艺术家罗丹说："生活并不是缺少美，而是缺少发现美的眼睛。"同样，生活并不缺少机遇，而是缺少发现机遇、抓住机遇的眼光。如果有了很高的素质，即使生活没有机遇，也能创造机遇。

另外，大家都看过关于泰森咬耳丑闻的报道。许多人看过去就算了，最多把它作为茶余饭后的谈资而已，谁能意识到这也是个发财的良机呢？

令人想不到的是美国一个巧克力商人在咬耳丑闻发生之后，赶紧推出了一种形状像耳朵的巧克力，上面缺了一个小角，象征着被泰森咬的那只著名的霍利菲尔德的耳朵，巧克力包装上还放有霍利菲尔德的大照。此举立刻使这个牌子的巧克力备受世人关注，在多品牌的巧克力中脱颖而出。这个巧克力商人就这样一举发了大财！泰森咬耳丑闻，全世界十几亿甚至几十亿人都知道，但是发现这个发财良机的只有这个美国商人。

抓住机遇，首先必须发现机遇。生活中处处充满机遇。社会上的每一项活动，报刊上的每一篇文章，人际中的每一次交往，生活中的每一次转折，工作上的每一次得失等等，都可能给你带来新的感受、新的信息、新的朋友，全都可能是一次选择，一次

机遇，是一次引导你走向成功的契机，问题在于你是否具有捕捉机遇的眼光，是否能发现每一次机遇。不要以为机遇难寻，其实机遇就在我们的身边，甚至就在我们的手上。

世界上有很多人光说不做，总在犹豫；有不少人只做不说，总在耕耘。要明白，成功与收获总是光顾有了成熟的方法并且付诸努力的人。有些人空有一身才学，却不懂得合理地运用，还总是对萌生的想法犹豫不决，迟迟拿不出行动来。有这种恶习的人，很难做成大事。

培养立即行动的习惯

有人曾做过一个总结，说各行业中首屈一指的成功人士都有一个共同的优点，那就是：他们办事言出即行，绝不犹豫，此种能力会取代智力、才能和社交能力，来决定一个人的收入和财富增长速度。虽然这个观念很简单，但在生活和工作中，不善于取得成果的人总是缺乏这些的。我们常常会看到很多自恃有才的人抱怨自己"怀才不遇"，"选错了婆家、嫁错了郎"，可是，平心静气地想一想，这样的场面是否似曾相识：很多的书应该去读，很多的准备工作应该去做，很多的交易应该立即执行，可是到头来却总是没能采取行动，以至于浪费了大把宝贵的时间，错过了一次又一次的良机。

因此，困扰我们的并不是没有机会让我们施展才华，而是不知道去努力，总是犹豫不决。那么，如何才能够培养立即行动的习惯，改掉犹豫的恶习呢？可以从以下几个方面去做：

1. 记住，想法本身不能带来成功

想法是很重要，但是，它只有在被执行后才有价值。一个被付诸行动的普通想法，要比一打被放着改天再说或等待好时机的好想法来得更有价值。如果你有一个觉得真的很不错的想法，那就为它做点什么。

2. 用行动来克服恐惧、担心

不知你有没有注意到，公共演讲最困难的部分就是等待自己演讲的过程。即使专业的演讲者和演员也会有表演前焦虑担心的经历，但是一旦开始表演，恐惧也就消失了。要知道，行动是治疗恐惧的最佳方法。万事开头难。一旦行动起来，你就会建立起自信，事情也会变得简单。

3. 积极发动你的创造力

我们对创造性工作最大的误解之一，就是认为只有灵感来了才能工作。万不可机械地等待灵感光临，与其等待，不如积极发动你的创造力马达。

通过上述方法，就能变被动为主动，从而也就可以为自己捕捉到成功的机会。

生活之中的我们，是否也犯这样的错误呢？我们一次又一次等待机会，选择自认为最好的机会，然而，却就在这样的等待和选择之中错过大好机会。甚至，连努力争取的机会，我们都一并放过。

培养百折不挠的进取精神

想创出一番事业，在某一领域有所建树，做好面对困难的挑战甚至是面对失败的准备是必需的。另外还要去行动，并不断地向着既定的目标努力前进，这样我们才能够变不可能为可能，让梦想成为现实。

为什么有的人能成功，有的人则总是与成功无缘？成功学家指出，这是因为前者在有了梦想后，会努力用行动去完成它，而后者则不尽全力，缺乏努力进取的精神。有了梦想是好的开始，但只有努力行动才能把好的开始变成好的结果。

为了梦想去奔波

一个名叫西尔维亚的女孩，她的父亲是有名的整形外科医生，母亲在一家大学担任教授。西尔维亚在念中学的时候，就一直想当电视节目的主持人。西尔维亚常常说："只要有人给我一次电视机会，我相信我一定能成功。"

西尔维亚这样说，但并没有为她的理想而做出任何的行动和努力，只是一直在等待着奇迹能出现在她的身上。日子一晃十年过去了，结果西尔维亚什么奇迹也没有等来。

另一个名叫辛迪的女孩却实现了西尔维亚的理想。这是为什么呢？其原因在于：辛迪不像西尔维亚那样有可靠的经济来源，所以，她没有在那等待着机会的出现。她很努力地为了自己的梦想去奔波。辛迪白天去做工，晚上在大学的舞台艺术系上夜校。毕业之后，她开始谋职，跑遍了洛杉矶每一个广播电台和电视台，但是，每个地方的经理对她的答复都差不多："不是有几年经验的人，我们不会雇用的。"

辛迪并没有为此退缩，而是努力地走出去寻找实现梦想的机会。她一连几个月阅读广播电视方面的杂志，终于她看到了一则招聘广告：北达科他州一家很小的电视台招聘一名预报天气的女孩子。她抓住这个工作机会，动身去了北达科他州。

辛迪在那里工作了两年，最后在洛杉矶的电视台找到了一个工作。又过了5年，她得到了提升，终于成为一名成功的电视节目主持人。

"梦想成真"对于每个人来说都是一个最美好的心愿。每个人也都有自己的梦想，有些人还不乏抱有很好的想法、目标和计划。因此，让梦想成真，就成了实现自身价值的一个重要途径。但是，在生活中，有的人有了梦想之后，要么长期犹豫不决，迟迟不能以实际行动去实现梦想；要么碰到一点困难就打退堂鼓，放弃努力，甚至彻底放弃了自己的梦想。再美好的梦想与目标，再完美的计划和方案，如果不能在行动中努力落实，那么只能是纸上谈兵，空想一番。

西尔维亚没有做到自己想做的事情，而辛迪却如愿以偿地实现了自己的梦想，原因就在于西尔维亚一直停留在自己的幻想里，虽然她有好的家庭条件，但她并没有合理地利用，更没有做出一丁点的努力和行动，只是坐等着机会的到来；而辛迪却为自己的梦想采取了行动，并且通过自己的努力，最终，一步步地实

现了心中的愿望。

实现梦想是一个艰苦的过程

在实现梦想的过程中，不仅要"肯做"，还需要锲而不舍地"努力做"。实现梦想往往都是一个艰苦的、努力的过程，而不是一蹴而就的。

有个叫布罗迪的英国教师，在整理阁楼上的旧物时，发现了一叠练习册，它们是皮特金幼儿园 B（2）班 31 位孩子的春季作文，题目叫：未来我是＿＿＿。他本以为这些东西，在德军空袭伦敦时在学校里被炸飞了，没想到它们竟安然地躺在自己家里，并且一躺就是五十年。布罗迪顺便翻了几本，很快被孩子们千奇百怪的自我设计迷住了。比如有一个说自己将来必定是法国的总统，因为他能背出 25 个法国城市的名字。而同班的其他同学最多的只能背出 7 个。

最让人称奇的是一个叫戴维的小盲童，他认为将来他必定是英国的一个内阁大臣。因为在英国还没有一个盲人能进入内阁。

总之三十一个孩子都在作文中描绘了自己的未来，有当驯狗师的；有当领航员的；有做王妃的，五花八门，应有尽有。

布罗迪读着这些作文，突然有一种冲动，何不把这些本子重新发到同学们手中，让他们看看现在的自己是否实现了 50 年前的梦想。

当地一家报纸得知这一想法，为他发了一则启事，没几天书信向布罗迪飞来，他们中间有商人、学者及政府官员，更多的是没有身份的人。

他们都表示很想知道儿时的梦想，并且很想得到那本作文本。布罗迪按地址一一给他们寄去。一年后，身边仅剩下一个作文本没人索要，他想这个叫戴维的人也许死了，毕竟50年了。50年间是什么事都会发生的。

就在布罗迪准备把这个本子送给一家私人收藏馆时，他收到内阁教育大臣布伦克特的一封信，他在信中说那个叫戴维的是我，感谢你还为我们保存着儿时的梦想。不过我已经不需要那个本子了，因为从那时起我的梦想一直在我的脑子里。我没有一天放弃过，50年过去了，可以说我已经实现了那个梦想，今天我还想通过这封信告诉我其他的30位同学：只要不让年轻时的梦想随岁月飘逝，成功总有一天会出现在你的面前。

布伦克特的这封信后来被发表在太阳报上，因为他作为英国第一位盲人大臣，用自己的行动证明了一个真理：假如谁能把3岁时想当总统的愿望保持50年，那么他现在一定已经是总统了。

俗话说："成功总是光临于那些有所准备的人。"当看到别人的成功时，我们应当了解，他们背后的行动和付出是平常人都难以想象和从没有努力做过的。

我们总是习惯把成功当成一种结果。事实上，成功在本质上是一种自强不息的状态，有了这样的状态，我们才会成为一名真正的强者。记住，成功是一种状态，而不是一种结果。

只有行动才能让想法变为现实

一个只知道空想的人，如果不付诸行动，那么，永远都不可能梦想成真。对一件事有计划、有目标当然是需要的，但要想让计划、目标成为现实，就必须付出行动。要记住：想法再多，都比不上一个行动更具有现实意义。

行动就是力量，唯有努力行动才可以改变一个人的命运。十个空洞的幻想远远比不上一个实际的努力后的行动。在生活中，我们总是在憧憬，有计划而不去执行，其结果只能是一无所有。成功，不仅要有想法，而且更要去努力把它成为现实。

无论是过去还是现在，许多成功人士在工作中都是充满活力的，他们以常人罕见的激情和热情努力地投入到工作中去，为自己执着追求的事业而献身。

那些有雄心成大事的人，不会等到精神好的时候才去做事，而是努力推动自己的精神去做事。

时时想到"现在"

"现在"这个词对成功的妙用是无穷的，而"明天""下个礼拜""以后""将来某个时候"或"有一天"，往往就是"永远做不到"的同义词。有很多好计划没有实现，就是因为应该说"我现在就去做，马上开始"的时候，却说了"我将来有一天会开始去做。"

你一定要从自己做起，从当下做起，而不是寄希望于未来。你的方向应该是自己，而不是他人。如果你把满足自我需求的希望放在他人身上，最终一定会失望，更不会获得真正的幸福。也不能寄希望于未来，因为千里之行始于足下，无论什么样的目标，都要从当下的一点一滴做起。放下吧，既然告别了过去，那就全然地生活在当下。因为你无法修改过去，只能吸取经验让当下不再发生同样的遗憾。那如何活在当下呢？很简单，就是永远跟你自己在一起，永远跟你眼前相处的人在一起，永远跟你做的事情在一起，永远跟当下的每时每刻在一起。有一天，一位先生宴请美国名作家赛珍珠女士，林语堂先生也在被请之列，于是，他就请求主人把他的席位排在赛珍珠之旁。席间，赛珍珠知道座上有许多中国作家，就说："各位何不以新作供美国出版界印发？本人愿为介绍。"座席上的人当时都以为这是一种普通敷衍的说词而已，未予注意。唯独林语堂先生当场一口答应，并搜集其发表于中国之英文小品成一巨册，送之赛珍珠，请为斧正。赛因此对林博士印象极佳，其后乃以全力助其成功。由这段故事看来，一个人能否成功，固然要靠天才，要靠努力，但及时把握时机，不因循、不观望、不退缩、不犹豫，想到就做，有尝试的勇气，有实践的决心，多少因素加起来才可以造就一个人的成功。所以，有些人的成功在于一个很偶然的机会，但认真想来，这偶然机会能被发现，被抓住，而且被充分利用，却又不是偶然的。想不想写信给一个远方的朋友，如果想，现在就去写；有没有想到一个对生意大有帮助的计划，如果有，马上就开始去做。时时刻刻记着本杰明·富兰克林的话："今天可以做完的事不要拖到明

天。"这也是俗话所说："今日事，今日毕。"

如果你时时想到"现在"，那么你就会完成许多事情；如果你常想着"将来有一天"或"将来什么时候"，那么你就会一事无成。

坐等其成，只会虚度时光

人世间真正的天才与白痴都是极少数的，绝大多数人的智力都是不相上下的。然而，有的人成就显著，有的人却碌碌无为。这本是智力相近的一群人，成就却有着天壤之别，要知道，有成就的人与平庸之辈最根本的差别并不在于天赋，也不在于机遇，而是在于有无人生奋斗目标、有没有实现目标的努力精神。对于那些没有目标没有行动的人来说，岁月的流逝只意味着年龄的增长，平庸的人只是在日复一日、年复一年地重复自己。

鲁迅的成功，有一个重要的秘诀，就是珍惜时间。鲁迅十二岁在绍兴城读私塾的时候，父亲正患着重病，两个弟弟年纪尚幼，鲁迅不仅经常上当铺，跑药店，还得帮助母亲做家务；为免影响学业，他必须作好精确的时间安排。

此后，鲁迅几乎每天都在挤时间。他说过："时间，就像海绵里的水，只要你挤，总是有的。"鲁迅读书的兴趣十分广泛，又喜欢写作，他对于民间艺术，特别是传说、绘画，也深切爱好；正因为他广泛涉猎，多方面学习，所以时间对他来说，实在非常重要。他一生多病，工作条件和生活环境都不好，但他每天都要工作到深夜才肯罢休。

在鲁迅的眼中，时间就如同生命。"美国人说，时间就是金钱。但我想：时间就是性命。倘若无端的空耗别人的时间，其实是无异于谋财害命的。"因此，鲁迅最讨厌那些"成天东家跑跑，西家坐坐，说长道短"的人，在他忙于工作的时候，如果有人来找他聊天或闲扯，即使是很要好的朋友，他也会毫不客气地对人家说："唉，你又来了，就没有别的事好做吗?"

诚然，条件成熟是成功的前提，但这并不是说等条件成熟了才能行动。坐等其成，只会虚度时光，要知道条件完全是可以由自己再创造的。不要再在想象中浪费掉每一天了，要想使自己的愿望有所收获，我们就必须让自己拿出实际行动来，每一天都努力。

做好每一件事，快乐每一天。我们不能确定自己将来能否获得成功，只要不断地超越自己，让自己的人生快乐、充实、有意义。成功并不遥远，不虚度此生，就是成功。

以勇气和行动来实现心中的蓝图

一个人如果总担心计划不够完美，从而花很长时间去思考，最后这种信心就会被自己想象出的种种困难所扳倒。要知道，所谓的困难，很多都是想象出来的，或许在做的时候它根本就不存在。人应该学会思考，但思考之后的行动才是最重要的。

人的一生，是由每天的思考与行动支撑起来的。爱思考不是错的，但人不能仅仅是思考而不加以行动，否则人便成了无源之错的，无本之木。一个人想要拥有一个美好的人生，必须用自己的实际行动去书写，去创造。只有努力，才能实现心中的蓝图。

丢掉空想的坏习惯

在我们身边，有很多"空想家"，也就是我们所说的爱幻想。幻想是一种与生活愿望相结合，并指向未来的想象，它是创造性想象的一种特殊的形式。一个人的幻想，有积极幻想与消极幻想之分。积极的幻想通常叫"理想"，是人在正确的世界观的指导下产生的，这种幻想能激励我们的斗志，鼓舞信心，推动我们去努力学习和工作。一个人，特别是一个青年人，如果没有这样的幻想，就会变得目光短浅、胸襟狭窄，不会为了明天的欢乐而去努力克服今天的困难。积极的幻想，对于我们来说是一种宝贵的品质。消极幻想的特征是脱离实际，以愿望代替行动，俗话叫作

"想入非非"，而一个只会空想的人，只能是白白地浪费青春和生命。

从前，有两个年轻人，他们生活在一个贫瘠落后的小山村，但他们都不甘心一辈子待在这儿，都希望有朝一日能够走出小山村，过上体面的城市生活。其中一个年轻人整天梦想着发大财，比如，把山货卖成黄金价，去人迹罕至的山洞寻找宝藏……虽然他的想法很多，但总觉得没有一样能够顺利成功，于是他放弃了努力，变得游手好闲。

另一个年轻人是个木匠，他脚踏实地地干着木工活，每天早出晚归，忙忙碌碌。每每看到辛勤劳作的木匠，那个年轻人就会忍不住讥笑他说："在这个鸟不拉屎的地方，无论你怎么努力，也不会有什么好结果的。与其自寻烦恼，不如等某个企业家来这儿搞投资，许多穷山村不是被人开发成旅游景点了吗？到时咱们只管坐着收钱就是了。"

木匠说："以后的事以后再说，现在最要紧的是做好该做的每一件事，虽然不一定能赚到大钱，但起码能够养活自己。"

一晃十余年过去了，梦想做大事业的年轻人除了每天做做白日梦外，生活几乎没有丝毫的改变。而木匠则不同，这些年，他除了做木匠活，还利用业余时间学习了营销管理。经过多年的积淀，此木匠已非彼木匠了。

机会总是垂青于那些有准备的人。一天，一位城里人路过小山村，发现了正在做木工活的木匠。城里人说："以你的手艺，如果去城里开一间家具店，生意一定非常好。"木匠不好意思地说："是个好主意，可是我没钱啊！"城里人呵呵地笑着说："这有何难，我出钱，你出技术，赚到的钱咱们平分。"

就这样，木匠来到了城里，果然如那个城里人预料的一样，他做出来的家具十分受城里人欢迎。没过几年，木匠就在城里买了房，安了家，过上了舒适而幸福的生活。而梦想干大事业的年轻人却还在那个贫困的小山村里做着美梦，生活没有丝毫改变。

坐着空想，不如站起来行动，因为再高明的智者也无法预料将来会遇到什么情况，只有在摸爬滚打中，不断总结经验教训，不断开拓创新，才能迈进成功的殿堂。

对于生活中的大多数人来说，只要丢掉空想的消极的坏习惯，树立积极的目标，并把思考努力转变为行动，就会把梦想转化为现实。

将思考转变为行动

人人都希望自己能有所成绩，心愿也都能成真，但是真正地行动起来又是一件非常困难的事情。在思考转变为努力行动的过程中，需要做到以下几点：

1. 明确自己的人生目标

俗话说，"空想得再多不如一步一个脚印踏踏实实地走。"每个人都有自己的很多理想和想法。选择切合实际的路走，而且制订好步骤和规划，那么你就会觉得目标不再遥远，路越走越清晰。

2. 有效地自我克制

太过于沉溺于某件事情的话，可能会上"瘾"，切记，如果是不良的"瘾"，要及早发现并要加以克制。可以选择运动还有听音乐等别的东西来分散自己的空想，把自己每一天的生活安排得丰富一点。

3. 加强人际交流

朋友多了路好走，朋友可以让你有一个更好的心境，遇到开心和烦恼的事时可以及时向朋友倾诉，他们可以给你更多的帮助，使你可以有计划地继续前行。

在行事前，进行慎思，是为了能看清楚事物其中的脉络和结构，找出有效的对策。其中若是有些事很清楚而且自己也不会产生疑惑时，就没有必要再多费心力做思考。要记住：凡事若因多虑而自设障碍耽搁执行，最后只能是一事无成。

我们要用思考来决定自己前进的方向，用行动来完成要达到的目标。在这个过程中，我们用思考来寻找解决困难的方法，用行动来把各种困难化解掉。只有思考与行动并行，而且还要付出足够的努力，我们才能实现梦想。

每个人都盼望自己有一天能成大事。可很多人，总是事情还没有去做，就已经开始憧憬成功时的神气了，并沉浸在其中，忘记自己此时还站在原点。

在生活和工作中，有许多人一直都在计划、梦想、等待、准备之中，浪费了无数的时间，而没有一点点行动。缺乏行动力的人永远都是可怜的空想家。要知道，对于一件事，只有把思考转变成了行动，努力才会有价值体现出来。

成功需要勇气与胆略

如果一件事情有了100%的把握再去做，那么我们连入局的机会都没有；如果有50%的把握去做，也许还有一半的机会；而在有30%把握的时候就去做，那么我们就会有百分之百的机会。因此，无论是创业还是做事，都需要有敢于冒险的精神。敢于冒险，我们才会有收获的机会。

一个人要想做好一件大事，在努力的同时必须要有敢于冒险、当机立断、马上行动的勇气与胆略。这样就没有什么可以阻止你去做你想做的事，实现你想实现的目标。

不妨做点"出格"的事

在想要做一件事情时，努力是必需的，但我们在努力的同时还要有该出手时就出手的勇气，而不要被恶劣事态所唬住。

汉明帝时，班超奉命带领36人去西域鄯善国，谋求建立友好邦交关系。

刚到该国，鄯善国王对汉朝使团十分恭敬殷勤，但几天之后，态度突然就变了，变得越来越冷漠。班超警觉起来，派人一打听才知道，原来是匈奴的一个130多人的使团正在暗中加紧活动，向鄯善国王施压，欲把鄯善国拉向北方。

形势十分严峻，班超对大家说："现在匈奴使团才来几天，鄯善国王就对我们逐渐疏远了，倘若再过几天，匈奴把他彻底拉过去，说不定会把我们抓起来送给匈奴讨好。到那时，我们不但完不成使命，恐怕连性命都难保！怎么办呢？"

"生死关头，一切全听您的。"随从们态度坚定，但也表示出担心，"我们毕竟只有 36 人，我们能怎么办呢？"

班超斩钉截铁地说："不冒危险，就不能成事。今天夜里就行动，以迅雷不及掩耳之势，一举消灭匈奴使团。唯有如此，才有可能使鄯善国王诚心归顺我们汉朝。"

当天深夜，班超带领 36 个人，借着夜色掩护，悄悄摸到匈奴人驻地，对 130 多人的匈奴使团、几倍于自己的敌人，毅然发动了袭击，并一举歼灭了他们。

第二天早晨，班超捧着匈奴使者的头去见鄯善国王，国王大惊失色。

匈奴使者被杀，鄯善国王已经不可能再和匈奴人和好，于是，只好同意和汉朝永久友好。

其实看似最危险之处，也许就是最安全之处，看似最强大之处，也许却是最薄弱之处，事物规律并非我们预料的那样，往往有它自己特殊的一面。

李梅，也是一个在努力的过程中敢于冒险的成功者。

1995 年，李梅想在北方种植南方的甘蔗。这个决定让她身边的许多人都不敢相信，甘蔗属亚热带植物，自古就有"蔗不过江"的传说。北方人都比较喜欢吃甘蔗，但是，必须年年从南方运过来。李梅决定先找一片实验田试种甘蔗。起先，她从外地带回几十根甘蔗种，用地膜温棚试种，并小心地侍养着。她的这一大胆的冒险，不但让附近的村民们认为不可能，就连一些老人也

觉得不能成功。面对别人的议论，李梅并没有放弃，而是更精心地去实验，她坚信只要保证足够的温度和光照，甘蔗就一定能长出来。果然，她的付出没有白费，10 月份她的甘蔗长了 3 米多高，她的实验成功了。

第二年，她开始扩大种植规模，并取得了满意的成绩。

1999 年，李梅把种植面积扩大到 360 亩，仅一年，她就净赚了 20 多万元钱。到 2003 年的时候，她的年收入已达到了 50 万元之多。

短短几年，从一无所有到年收入 50 多万元，是李梅努力付出、敢于冒险的行动获得的。

作为普通人来说，只做自己有把握的事情无可厚非，可是，在竞争激烈的今天，如果只敢做人人都有把握做的事情，要想取得高人一等的成就无疑只能是雾里看花，水中望月。一个四平八稳，凡事都不出格，对可能存在的风险避之不及的人无论再怎样努力都是不可能会取得很大的成就的。

不要怕，不要悔

在遇到挑战时，如果我们勇于冒险求胜，那么，我们就能比想象的做得更多、更好。在经历风险的过程中，就能使自己的平淡生活变成激动人心的探险经历，这种经历会不断地向你提出挑战，不断地奖赏你，也会不断地使你恢复活力。

许多年前，有一个年轻人离开故乡，开始逐寻自己的梦想，开创自己的前途。动身前，他去拜访本族的族长，请求指点。他说"我的一生不能平庸，我不愿与草木同行，我要与日月同辉，我要建立丰功伟绩，我该如何去做？"老族长正在练字，他听说本族有位后辈开始踏上人生的旅途，就写了三个字——"不要怕"，送给这位后辈。然后抬起头来，望着年轻人说："孩子，一生的秘诀只有六个字，今天先给你三个，供你半生受用。"年轻人带着这三个字和自己的梦想开始了他的人生旅程。

10年后，这个年轻人已建立了自己的商业帝国，取得了巨大的成就。他回到了故乡，他决定再次去拜访那位族长。可他到了族长家里才知道，老人家几年前已经去世了，族长的家人取出一个密封的信封对他说"这是族长生前留给你的，他说有一天你会再来。"年轻人拆开信封，里面赫然写着三个大字——"不要悔"。

综上所述，如果人人在努力的过程中都不敢去冒险、去尝试的话，那么，我们今天的世界就不可能如此丰富多彩。爱迪生如果没有冒险精神，人类的夜晚也许还是一片黑暗；科学家如果没有冒险精神，火箭就不能上天；登山者如果没有冒险精神，人就不能登上珠穆朗玛峰。想要做一件大事，我们应该具有在努力中敢于冒险的品质。

不要给自己划定界限。别人会为你去划边界，但你自己千万别去。你要去冒险。失败是你其中一个选项，但畏惧不是。从来没有一次冒险是在有完全安全保障的情况下完成的。你必须愿意承担这些风险。

追求成功不能被眼前的得失左右

欲速则不达。做一件事，为了摆脱眼前的状况，不顾未来的利益；为了求得一时的痛快，而以长远的痛苦为砝码，这是得不偿失的。只有不急功近利，既着眼未来，又脚踏实地，才是最有效、最睿智的做事方法和成功法则。

俗话说："不想当将军的士兵不是好士兵。"的确，向往成功、追求发展是每个人的目标。可是，追求发展并不只在于"敢于追求"，还必须要建立在自身能力的基础之上。许多人在努力追求梦想的过程中，为了能够迅速攀到"顶峰"，常常会产生一种急功近利的错误想法，在这种想法的指导下，再多的努力往往都事与愿违。

不为眼前的利益放弃长久的利益

有很强的行动力固然是值得夸赞的，但切勿急功近利，否则，最后只能是碰壁。

把标准定得低一点，把目光放得远一点。放弃那些华而不实的幻想，挑一件你能干得了的事情来干，是人生最实际的活法。对于那些牢骚满腹的人，世界决不会因为他的抱怨而改变。

一只海狐告诉海马，说很远的一座岛上，有一座金山。海马们立刻行动，决定去寻找那笔财富。

有一个年轻的海马，便卖了全部的家当，换来了八个金币。它觉得自己比那些老海马游得慢，就用四个金币买下鳗鱼背上的鳍。于是，它的速度比那些老海马快了许多。后来，它又看见一只快速滑行艇，又忍痛用剩余的四个金币买下了一个小艇。结果，它的速度比以前提高了许多倍。年轻的海马把同伴远远地甩在后面，它第一个看见了那座海岛。就在它即将踏上岛的时候，一条大鲨鱼突然出现在它的面前，一脸的凶相，张着大嘴，向它扑来。海马慌忙跳进海里逃命，几下扑腾后，就被鲨鱼吞进肚里。后面的海马见到此景，连忙往回游逃命，因为距离鲨鱼较远，所以得以逃生。

在追求成功的路上，年轻的海马就是因为太心急，太急功近利，结果失去了自己的性命。这样的努力实在是不值得。

急功近利，顾名思义是指对一时的得失看得过重，所有思路和工作都围绕着一个近期的目标，为了眼前的利益而忽略或者是放弃了长久的利益。

有一个农夫，在地里种下了两粒种子。很快它们变成了两棵同样大小的树苗。第一棵树在一开始就决心长成一棵参天大树，所以它拼命地从地下吸收养料，储备起来，用以滋润自己的每一个细胞，盘算着怎样向上生长，完善自身。由于这个原因，在最初的几年，它并没有结果实，这让农夫很恼火。相反，另一棵树同样也拼命地从地下吸取养料，打算早一刻开花结果，并且它做到了这一点。这使农夫很欣赏它，并经常浇灌它。

时光飞转，那棵久不开花的大树由于身强体壮，养分充足，终于结出了又大又甜的果实；而那棵过早开花结果的树，却由于还未成熟，便承担了开花结果的任务，所以，结出的果实苦涩难

吃，并不讨人喜欢，并且自己也因此累弯了腰。农夫诧异地叹了口气，只能用斧头将它砍倒，当柴烧了。

看透了再去做

一个人如果对自己的事业充满热爱，并选定了自己的工作目标，就会自发地尽自己最大的努力去工作，抓住一切机遇，使它们成为现实。

现实生活中，许多伟人的成功，就在于他们为自己的前途和未来做了一番精细的策划，为机遇的实现增添了巨大的精神动力。我们来瞧瞧美国首富比尔·盖茨的经历吧。

盖茨于 1955 年 10 月出生在美国西北部城市西雅图，小时候他并没有什么超人之处。当他 8 岁时，由于某些原因，母亲带他去看一位心理医生。那位医生给了他充分的信任，而那种信任在他战胜生活的挑战中起了不可估量的作用。因此，从那时候起，他就明白了要从生活中得到什么以及如何达到目的。这使他在大学时就具有了从心理和技能上去改变自己命运的愿望。1972 年，盖茨建立 TRAF－O－DATA 公司，不久，他又发明了 BASIC－6800 信息语言，简化了数据处理器的使用。这样好的成绩使他毅然中断了为继承父业在哈佛大学法律系的学习，全身心地投入了新的计算机通用语言的创作。几年后，微软操作系统诞生了。1980 年盖茨的母亲——华盛顿大学的校长通过朋友关系把盖茨的发明介绍给了第一个推出个人电脑的 IBM 公司，这样盖茨的聪明有了一定的用武之地。在与 IBM 公司签订了大宗供货合同后，盖茨的新系统 MS－DOS 很快占领了市场。

从此，盖茨的事业蒸蒸日上，一发而不可收，他设计的新程序源源不断地开发出来，他设计的"窗口"系统每月可卖到上百万美元。盖茨的口号是"分享一切"。他那坐落在西雅图附近的雷德蒙德微软公司总部让人觉得像一个大学的运动场，里面尽是花园和飞瀑。星期天职员们在这里打垒球，到健身房锻炼、去看电影、听音乐会，他们穿着印有"你的同事是你最好的朋友"字样的上衣，大家都对他深信不疑，盖茨的魅力不可抗拒。

后来盖茨又把目光瞄准了"信息高速公路"。他还致力于多媒体电视的研究。他说："我不想工作太长的时间，当我50岁时，我将把95%的财产用于资助慈善事业和科研工作。"

盖茨放弃了上学而选择投入自己感兴趣的专业中，体验与大学不同的生活。可以说在他踏入自己选择的事业时，一定做了充分的准备，这也需要一定的勇气。而盖茨总是试图尝试能够引领时代的冒险，这也让他获得了源源不断的抓住和实现机遇的动力，所以，我们看到了一个不断创造、体验和享受奇迹的伟人的传奇人生。而他所拥有的天文数字的财富，反倒成了这种体验之外的一种点缀。

第七章

苦尽才会甘来，想要成功必须吃苦

经历苦难才会成为强者

很多人只看到别人成功的光彩，而看不到他们光彩背后所经历的苦难。一个人所历经的苦难和挫折，都将是他一生中最珍贵的一笔财富。事实证明，一个人所经历的苦难越多越大，那么他取得的成就往往就越大。

那些成大事者，都是能吃苦耐劳之人。屠格涅夫说："你想成为幸福的人吗？那你首先要学会吃苦。"吃苦对一个人来说，是一种努力的体现，更是人生的一种资本，这种资本会转化为幸福与财富。一个人只有吃得苦中苦，才会成为人上人。

在苦难中执着进取

虽然没有人愿意经历苦难，但一个人在苦难中可以磨炼出许多宝贵的品质。

获得诺贝尔奖的挪威作家克努特·汉姆生，曾是移民，一生尝试许多事情均告失败。最后，在绝望之中，他决定把所有失望的故事写成一本书，书名是《饥饿》。没想到这本书让汉姆生赢得了诺贝尔文学奖。从此，来自世界各地登门求稿的出版商络绎不绝，他也名扬四海。

对于作家来说，苦难可以成为他的珍贵的人生阅历，丰富他的见识，加深他的思想。

类似的例子还有美国的著名作家杰克·伦敦。他于1876年出生在加利福尼亚州一户破产农民家庭里。在他10岁左右的时候，父亲就破产失业了。从这时起，他便不得不分担家里生活的忧愁。

他走街串巷当报童，到车站去卸货车，到滚球场帮助人竖靶子……总之，为了活下去，他什么都干，把挣来的每一分钱全部都交给家里。正如他后来说的："差不多在早年的生活中我就懂得了责任的意义。"

14岁，杰克·伦敦小学毕业，进了一家罐头厂当童工。后来又到麻纱厂看机器，到发电厂烧锅炉。在工厂里，他饱尝了资本主义制度下童工生活的苦难：每天在非人的条件下常常要工作十八九个小时，直到深夜11点才能拖着疲劳不堪的身子回家。后来，他回忆这段生活时，愤慨地说："我不知道在奥克兰一匹马该工作多少钟点。"他说自己成了"劳动畜生"。

1893年，杰克·伦敦17岁时，受雇到一条小帆船上当水手，动身到日本海和白令海去捕海狗。海上的生活苦不堪言，可是，这次航海却增加了他的见闻，也磨炼了他的意志，成了他后来写作一系列海上故事的生活基础。不久，他因为"无业游荡"被捕入狱当苦工。

他刻苦自学，但由于家里一直太贫穷，他直到18岁才上中学。紧接着，又因为生活维持不下去而中途辍学。1896年，他20岁时，靠自修考上了加利福尼亚大学，可是，只读了一个学期，便因缴纳不起学费而退学。

失学后，他一边在洗衣店做，一边开始业余写作，希望用稿费来弥补家用。可是，当时稿费不仅低，而且时常拖欠。有时候

他为了马上得到稿费，甚至要跑到杂志社与出版商干上一架。

后来，杰克·伦敦又随众人到遥远的阿拉斯加去当淘金工人。他历经千辛万苦，由于缺乏营养，劳累过度，患了维生素 C 缺乏病，几乎使他下肢瘫痪；但是，北方壮丽的自然景色，淘金工人的苦难生活，印第安人的悲惨遭遇，却给他的文学创作提供了丰富的素材。如小说《渴望生存》便是收获之一。

苦难的刺激与磨炼，使杰克·伦敦成为一个具有特殊气质的作家。成为职业作家后，他 16 年如一日，每天工作 19 个小时，一共写了 50 本书，其中仅长篇小说就有 19 部。他的作品从一开始就坚持现实主义的原则，充分表现了生命的伟大、人同困难的斗争、人处于各种逆境中的反抗，给 20 世纪初的文坛带来了一股生气勃勃的力量。

对于这些作家来说，苦难本身大大丰富了他们的人生阅历，但即使阅历再丰富，如果在苦难中不努力执着进取，成为一个强者根本就是不可能的事情。

对自己狠一点

我们没有"选择出生环境的权利"，但是我们绝对有"改变生活环境的权利"；当我们可以决定自己命运的时候，一定不能把命运寄托在别人手上！

因此，在最好的年华里，让我们想一想"我还有什么心愿？还有什么梦想？"我一定要完成它！人生如果没有梦想，岂不是最可怜的，岂不是比穷困和乞讨还糟糕？

许多人没有"开创精神、冒险精神"，他们不喜欢为自己订下目标，也不愿意吃苦，只想"坐享其成、一步登天"。但是，人的成功是很少有快捷方式的！

　　陶侃是东晋人，在广州做官。当时的广州地区，生产落后，人口不多。陶侃在那里没有多少公事可办，生活很清闲。但陶侃是一个有雄心壮志的人，他为了锻炼身体和磨炼意志，就叫人将一百多块砖放在院子里。每天一早，陶侃就把砖搬运到外面去，到了晚上，又把砖搬进屋子里。天天如此，从不间断。

　　家里人觉得奇怪，就问陶侃为什么要这样做。陶侃回答："我将来是要报效国家做大事的，如果生活过于舒适，将来怎么能担当重任，为国家效力呢？"过了几年，陶侃终于被调回中原，被皇帝重用。陶侃回到中原以后，尽管公务繁忙，可是在广州养成的搬砖习惯一直没有放弃，以此来磨炼自己的意志。他常对人说："大禹是圣人，还十分珍惜时间。至于普通人则更应该珍惜分分秒秒，怎么能够天天玩乐？活着的时候对人没有益处，死了也不被后人记起，这是自己毁灭自己啊！"

　　陶侃的故事告诉我们，一个人要胸成大志，珍惜时间，严格要求自己，才能有所作为。年轻人不应该放弃理想，其实每个人心中都有好多愿望，这些就是生活的动力。但是，愿望不是想想就能实现的，需要为之付出、为之奋斗。因此，青少年都应该珍惜时间，朝着自己的愿望努力，争取在不久的将来实现它、拥有它。

　　很多人只看到别人成功的光彩，而看不到他们光彩背后所经历的苦难。一个人所历经的苦难和挫折，都将是他一生中最珍贵的一笔财富。事实证明，一个人所经历的苦难越多越大，那么他取得的成就往往就越大。

别让安逸的生活磨灭你的理想

我们都知道，温室里的花朵是经不起风吹雨打的，这样的生命力是脆弱的。一个人想要成就一番事业，也不能让自己太安逸。安逸的环境会打磨一个人的志气，只有对自己狠一点，历经风雨，才能成为强者，创造出非凡的未来。

很多事实表明：你对自己越苛刻，生活就对你越宽容；你对自己越宽容，生活就对你就越苛刻。为了达到目标，我们应该努力让自己成为一个敢于吃苦、不怕吃苦的人。

历经风雨的洗礼，才能见到彩虹

想成功，就要对自己狠一点"天降大任于斯人也，必先苦其心志，劳其筋骨，饿其体肤……"要成就一番事业，必要经历一番苦难！不经一番彻骨寒，怎得梅花扑鼻香？经历过风雨的洗礼，才能见到夺目的彩虹！所以，想成功，就要对自己狠一点！

我们不能对自己要求过低，对自己过于宽容，轻易就原谅自己的过错，这对自己的长远发展毫无益处。上课，就得狠下心来逼自己专心听讲；背书，就得狠下心来逼自己快速过关；任务，就得狠下心来逼自己按时完成……只有这样，对自己狠一点儿，才有成功的希望；只有这样，严格要求自己，才能离成功越来越近。

宋代，有个文学家叫范仲淹，一生大起大落，很有成就。可他小时候生活十分清贫，父亲很早就过世了。范仲淹从小读书就十分刻苦，常去附近长白山上的醴泉寺寄宿读书。那时，他的生活极其艰苦，每天只煮一锅稠粥，凉了以后划成四块，早晚各取两块，拌几根腌菜，调半盂醋汁，吃完继续读书。后世便有了断齑画粥的美誉，但他对这种清苦生活却毫不介意，而是用全部精力在书中寻找着自己的乐趣。

司马光是我国北宋时代的大学问家。他从小到老，一直坚持不懈地学习，做官之后反而更加刻苦。他住的地方，除了图书和卧具，再没有其他珍贵的摆设。卧具很简单：一架木板床，一条粗布被子，一个圆木枕头。为什么要用圆木枕头呢？说来很有意思，当读书太困倦的时候，一睡就是一大觉。圆木枕头放到硬邦邦的木板床上，极容易滚动。只要稍微动一下，它就滚走了。头跌在木板床上，"咚"的一声，他惊醒了就会立刻爬起来读书。司马光给这个圆木枕头起了个名字叫："警枕"。

世上没有白吃的苦。你今天每吃一份苦，就为自己未来的成功和辉煌积攒了一分可能、胜算和希望。今天的苦是为了未来更加幸福。

没有付出就没有回报

这个世界上没有人天生就喜欢吃苦，但是"梅花香自苦寒来"，没有付出就没有回报。我们要获得任何东西，都要经过努力才能得到。有吃苦精神不一定会成功，但是没有吃苦精神，却肯定无法成功。

我们每个人一生中，都会遭遇到很多困难。能否微笑地面对困难，在于你所遭遇困难的次数。经历的事情越多，你往往就会

越成熟，更加懂得处理和解决问题的办法。多吃点苦，我们才能在面对困难时，充满克服的勇气。别害怕挑战与难题，因为难题越多，我们越能找出解决方法；更别担心困境，只要我们有突破困境的信心，再险恶的境地我们都能安然渡过。

有一个人叫林良快，他开了一家小林被服有限公司，小林是一个非常能吃苦的人。他从 16 岁出来闯天下至今，他认为自己和别人不一样的只是一种心态——"大不了睡地板！"这种心态支撑着他一路走过来。

林良快永远忘不了最初从浙江来重庆的日子。他和弟弟挤在一间 10 多平方米的小房间里。这里既是他们的寝室，也是办公室，更是仓库。累了，便睡在纸箱上；要写文件，纸箱成了办公桌。"我们舍不得买床、买桌子，因为那样货就没地方放了。"林良快说。时至今日，他已能从容风趣地把那些纸箱比作"可以升降的床"，"一批货刚来的时候我们的床有 2 米多高，几个月后，货慢慢发走了，我们又睡到了地板上。"

回首过去，林良快从不认为自己吃了很多苦。他说："年轻人最应该做的就是踏踏实实地学习，不会的我学，不懂的我问，即使失败了也没有关系，从头再来。因为年轻，就不怕失去——大不了重新睡地板！"

不怕吃苦，在收获梦想的路上我们就没有什么可以害怕的。

我们知道，世上最精致的瓷器，都要经过多次烧烤。没有多次烧烤的瓷器，永远不会坚固和精美。无数事实告诉我们：只有在漫长的艰苦环境中禁得住磨炼的人，才会有可能成功。在生活中，那些怕吃苦、拈轻怕重的人，是很难干出事业、做出成绩的。干事业需要的是泼辣、狠劲，需要"皮实"一点的人。

　　为了锻炼自己的吃苦精神，我们可以自动自发地给自己"制造"困难，使自己得到提高和锻炼。比如，手头上有诸多棘手的活而自己又犹豫不决，不妨挑选更难的事先做——生活中，一切可以让你感到为难的事情，你都可以用来挑战自己。这样做，当然不是为了"没事找事"，而是为开辟成功之路做必要的铺垫。

　　我们不能坐等危机或悲剧到来时，毫无准备，手忙脚乱。成功不仅要有明知山有虎、偏向虎山行的勇气，还要经过多次磨难的洗礼，才能够获得。

顽强不服输的性格是成功的基础

意大利诗人但丁曾说:"只有流过血的手指才能弹奏出时间的绝唱。"在漫长的路途中,谁都难以完全避免崎岖和坎坷,只要出现了一个结局,不管这结局是成是败,是幸运还是厄运,客观上都是一个崭新的从头再来。只要厄运打不垮心中的信念,心中希望的光芒就会驱散绝望之云,迎来成功的曙光。

一个坚强的人,从来不会因为一时的失败和挫折,就失去了信心。他们在追求成功的过程中,是不会惧怕那些坎坷的,他们更不会被艰苦环境和困难所打垮,而成功往往就是属于那些不被困难打垮的人。

强大信念的力量

一场突然而至的沙暴,让一位独自穿行大漠者迷失了方向,更可怕的是连装干粮和水的背包都不见了。翻遍所有的衣袋,他只找到一个泛青的苹果。

"哦,我还有一个苹果。"他惊喜地喊道。

他攥着那个苹果,深一脚浅一脚地在大漠里寻找着出路。整整一个昼夜过去了,他仍未走出空阔的大漠。饥饿、干渴、疲惫,一齐涌上来。望着茫茫无际的沙海,有好几次他都觉得自己快要支撑不住了,可是看一眼手里的苹果,他抿抿干裂的嘴唇,陡然又添了些许力量。

顶着炎炎烈日，他又继续艰难地跋涉。已数不清摔了多少跟头了，只是每一次他都挣扎着爬起来，踉跄着一点点地往前挪。他心中不停地默念着："我还有一个苹果，我还有一个苹果……"

三天以后，他终于走出了大漠。那个他始终未曾咬过的青苹果，已干巴得不成样子，他还宝贝似的擎在手中，久久地凝视着。

在生命的旅途中，我们常常会遭遇各种挫折和失败，会身陷某些意想不到的困境。这时，不要轻易地说自己什么都没了，其实只要心头不熄灭一个坚定的信念，努力地去找，总会找到帮助自己渡过难关的那"一个苹果"，握紧它，就没有穿不过的风雨、涉不过的险途。成功属于强者，属于那些有着坚定信念的强者，属于那些有着顽强意志的强者，属于那些敢于抬起头勇敢地面对厄运的强者。只有这样的强者，才配拥有属于他们的成功。梅西和彭尼在遇到困难时都是打不垮的人，这是内心的强大信念给了他们力量。

改变生命的宽度

有哲人曾说过这样一句话："人不能改变生命的长度，但可以改变生命的宽度。"这教会了我们做人做事的道理。我们无法知道遥不可及的未来，但能做好眼前能做好的事。我们不能期待命运的一帆风顺，但是面对种种挫折，我们可以让自己更加进取。

强者从不会为自己失去的事物失望，他们都有着一种坚韧的性格。这种性格来源于他们内心的信念。信念像一盏航灯，即使在黑暗之中也能看到希望。这种信念，是人格和尊严的支柱，会

使一个人为了理想而战斗，使他们拥有能把绝望变成希望的力量。

通向成功之路并非一帆风顺，有失才有得，有大失也可能有大得，没有面对失败考验的心理准备，闯不了多久就要走回头路了。

失败是测定个人软弱度的最好"装置"，而且它会随之提供克服弱点的机会，在这个意义上，失败又成了一种幸运。

失败作用于人的途径有两种：一种是它作为对更大努力要求的挑战，第二种是它冲击个人再试一次的勇气。

然而，大多数人在努力的过程中都是在失败的信号来临时便放弃希望，止步不前，甚至一点征兆都没有就已灰心丧气，而且，有很多人在受到一次失败的打击后便丢盔弃甲；而那些杰出人物在失败之后却能鼓起更大的热情和干劲，搏击困难，迎来成功，迎来幸福。

你不妨自我测试一下，看看自己的未来会怎样。如果在连续3次失败之后你还能顽强不息地奋斗，那么你就不必怀疑自己在选定的领域内可能成为一位杰出人物。如果在连续12次失败之后你还跃跃欲试，这说明，天才的种子已经在你的心田里发芽成长，只要给予它希望与信心的阳光雨露，就可望开出成功的花朵。

一次失败不算什么，一个困难不算什么，要知道：不经历一次次的挫折就不可能品尝到甜美的果实，没有一个人能不经过一次次地学习和磨难，就可以伸手摘到巅峰上的花朵。记住，成功永远都属于不被困难打垮的人；美好的未来，永远都属于天天在为它努力的人。

执着不变的信念是成功的动力

给自己下死命令就必须破釜沉舟，不给自己留退路，这需要很大的勇气。我们要怀着对成功的强烈期望，怀着执着不变的信念，去努力。不给自己留后路，才能扫清所有的障碍，闯出一条成功路。

只有那些历经磨难、经受过千辛万苦的人，才能取得辉煌的成绩。正所谓逆境出人才。很多人在逆境面前退却了，虽说生活还算平顺，但最终只能是成为一般人。一个人面对绝境时有破釜沉舟的勇气和气概，那么就一定能化险为夷，并最终成就大事。

小海龟刚出生时，离大海还很远，它们要想找到大海，必须经过充满石块、高低不平的道路，同时路上还有老鹰、野兽随时让它们送掉自己的小命；但是，只要小海龟孵化出来，没有一只是在出生的地方等死，它们都竭尽全力、排除各种险阻爬向大海。尽管它们有很大的伤亡，尽管它们存活的概率只有百分之几，但它们并不放弃。因为，它们知道，只有经过奋斗才有可能成功，不去争取，就只有死路一条。

自然的法则，也适合于我们人类。

蓄势而发实现人生飞跃

当面对绝境的时候，也是人的潜能被最大限度激发出来的时

候。在这个时候，我们不应该遇难而退，而应该知难而上。带着破釜沉舟的气概去努力，就会有一个好前程。

我们都知道，古时候项羽在巨鹿之战中，破釜沉舟大破敌军的故事。他们当时只带了三天的粮食，但正因为"将军有准备死的决心，士卒没有准备活着的勇气"，所以将士们拼死奋战，才大破敌军。同样道理，楚汉之争，韩信也是用背水一战，大获全胜。当前有江水，后有追兵，上天无路，入地无门时，他们唯一的生路就是与敌人奋战，杀出一条血路。绝境把人的最大能力逼迫出来，结果竟取得了胜利。

这些全都是利用《孙子兵法》中"置之死地而后生"的法则。人性就是如此，潜能往往都是在绝境中被最大限度地激发出来的，而巨大的危机和事变，往往是产生出许多伟人的火药。处在绝望境地的奋斗，最能启发人潜伏着的内在力量，没有这种奋斗，便永不会发现真正的力量和强项。当巨大的压力、非常的变故和重大责任落在一个人身上时，隐伏在他生命最深处的种种能力，才会突然涌现出来，往往能做出大事来。

有的人把自己所取得的成就归功于障碍与缺陷。如果没有障碍与缺陷的刺激，他们也许只会发掘出25%的才能，但一遇到绝境般的刺激，他们便会把其他75%的才能也开发出来了。

一般人没有想到在自己身体里面蕴藏着巨大的能量，有着能彻底改变自己一生的强项，很多人甚至到死也没有发现；而绝境可能使人在与它的殊死搏斗中发现自己的强大能力。

"置之死地而后生"的道理告诉我们，即使面对"死地"，也要抱着将生命抛于脑后的勇气去拼搏，然后才能有突破困境的希望。

生活中有许多看起来好像绝境的情况，其实并非真正的绝境，它们只能算是比较大的逆境，但并非是毁灭性的、不可战胜的。

我们知道，在跃过一道壕沟时，总是要后退两步，给自己一个鼓足劲的准备动作，然后奔跑、起跳，完成跨越。逆境就是起这样的作用。它告诉我们，我们正面临着人生的一个腾飞跨越，因此必须停下来，做好充分的思想准备，调集自己全部的能量，然后蓄势而发实现人生的飞跃。

面对逆境，我们所要做的就是认真地对待它，而不要惧怕它，运用我们的智慧去战胜它。在生活中，有时我们要给自己制造各种类似绝境的情境，不给自己留退路，逼迫自己把最大的潜能发挥出来。

挑战让我们更成熟

我们的事业都要经历各种各样的挑战，但正是这些挑战让我们更成熟、更从容地走向成功之路。当挑战来临的时候，千万不要害怕，要给自己下死命令，让自己别无选择，必须面对，不能逃避，只许成功，不许失败。凭着自己坚定的意志和决心，凭着自己无时无刻地努力，往往就能够战胜一切困难。

在中央电视台 2005 年春节联欢晚会上，曾经由一群聋哑演员演绎的舞蹈让全国人民领略到了美的别样韵味。那是一种源自心灵的震撼，她（他）们以无声地挥洒、曼妙的身姿，为有声世界带来了最为精彩的传神画卷。这就是《千手观音》，一个在一夜之间被十几亿人记在心底的古典乐舞，它最终被观众们评选为春节联欢晚会最喜爱的节目，捧取了象征着荣誉与辉煌的至尊金杯。

《千手观音》为什么能够这般美丽，因为她是残疾人用生命的感悟创造的完美。姑娘与小伙子们听不到乐曲，掌握不了节奏，无法在舞曲的引导下演绎舞蹈语汇和音乐语言，然而她们用身体的其他感官来感受震动，接收信号，按照边幕外的手语指挥，完成了一个又一个极富韵律感和表现力的动作。她们用优美的身段和婀娜的体态表现无声世界的韵律与美感，实现了体态与灵魂、形式与内容、人为与人格完美的结合。可以说，《千手观音》的美源自她（他）们那纯洁而饱满的精神力量，是她（他）们唯美人格的化身。

其中，她（他）们带着自己的故事，来到了《艺术人生》的舞台上。在她（他）们获得了如潮掌声与鲜花后，那般灿烂地笑着，总是会整齐化一地张开双手，抖动着手指，表现着那被她（他）们演绎得出神入化的美。她（他）们用手语，表达着自己的欢喜与忧伤，她（他）们更用美好的心灵，感染着这个沉默的世界。

也许现在我们还很平凡，没有取得期待的成功，但只要根据自己的命令坚持下去，明天我们可能就会变得不同凡响。在人生的道路上，崛起的机会有很多，关键在于你能否挖掘出生命内在的巨大潜力，你能否勇猛无畏地坚定自己的信念，下死命令，命令自己必须跨越阻挡你成功的障碍。

成功的关键，必须开发自身的潜能。要想开发自身的潜能，则必须有坚定的信念、坚强的意志、伟大的决心。一个人意志最坚定的时候，往往能办到平时自认为办不到的事，显示出惊人的潜力。

苦中作乐是成功的情绪

不要让苦难打倒自己，我们要学会微笑着回击苦难。一个热爱生命的人，会把苦难看作是一种磨砺，在与苦难抗争的同时，他人性的光芒也会愈加鲜明。再苦也要努力笑一笑，人生没有什么好怕的。

俗语说："天有不测风云，人有旦夕祸福。"谁都不能准确地预测到苦难之神何时会降临到自己头上。面对困难，有许多人会茫然不知所措。他们感叹"时运不齐，命途多舛"，或从此一蹶不振，自暴自弃，但也有的人将苦难视为一笔难得的财富。

无限风光在险峰

苦难就如同一扇常年关闭的大门，它把许多自卑怯弱者拒之门外；面对有志之士，它却永远敞开。凡能顺利闯入这扇大门的人，就会发现门后是一个世界，那里有阳光、鲜花和累累硕果。

王安石在游褒禅山时说过："夫夷以近，则游者众；险以远，则至者少。而世之奇伟、瑰怪、非常之观，常在于险远，而人之所罕至焉，故非有志者不能至也。"这样看起来，无限风光还在险峰。只有那些不畏苦难、不怕艰险的人，才能取得最后的胜利，而这样的人，首先就要有站在苦难枝头微笑的勇气。

《老人与海》是一本能使人乐观、微笑面对苦难的书。一个

生活在海边的老人，以捕鱼为生，一生经历了贫穷和苦难。少年时在非洲游荡，青年丧妻，老年无子，大字不认得几个，幸运也很少光顾他。这个老人的形象仿佛就是那个时代所有贫苦人民的缩影，他辛勤劳作了大半辈子，到老了却还是孤苦伶仃，只有一个善良的孩子有时会来陪伴他。

故事主要讲述了这位老人一次极为凶险的捕鱼经历。老人历时三天三夜，捕到了一条比渔船还大的重达100磅的鱼，并驾着小船从远离海岸线的地方回到海港。在途中击退了数次鲨鱼的袭击。回到岸上，他本人身负重伤，巨大的猎物也早被鲨鱼吞食得一干二净……

故事的结局是极不完美的，耗费许多，人财两空，幸亏平日里积累了大量的经验，否则老人恐怕也要葬身大海了。这实在是一个不平凡的老人，在他饱经风霜摧残的外表下所隐藏的，是一个永不磨灭的年轻乐观的灵魂。因为老人始终拥有着一种乐观积极的心态，所以他一次次地在苦难中挺立了过来。

对于一件事情，往往有好几个角度。有好的一面，也有坏的一面；有乐观的一面，也有悲观的一面。心态不同，看到的景致会不同。一个乐观的人，无论身处何处，都会感受到生活的乐趣。心有快乐，就能看到生活的美，快乐就在我们的心里。

乐观的精神和不屈不挠的意志

古往今来，历史上许多伟人大都有着乐观的生活态度。如英国诗人弥尔顿，一生经历了无数磨难，经受过双目失明、朋友弃他而去、生活曾一度陷入极端困境的打击，但他总是能以乐观的精神和不屈不挠的意志，渡过一个又一个难关。

一美国人着泳装在撒哈拉大沙漠游玩，一群非洲土著人好奇地盯着他。

"我打算去游泳。"美国人说。

"可海洋在 800 公里以外呢。"非洲土著人提醒道。

"800 公里！"美国人高兴地说，"好家伙，多大的海滩哪！"

在悲观的人眼里，沙漠是葬身之地，800 公里是遥远，人生是痛苦；在乐观的人眼里，沙漠是海滩，800 公里是享受，人生是希望。

我们的人生过程，挫折、逆境是无法避免的，我们唯一能做到的，便是改变自己的心态。再苦也要努力笑一笑，在困难中微笑的人对生活、对生命是充满希望的。苦难面前笑一笑，是另一种坚强，而命运就是喜欢永远微笑的人。

困难中的微笑，是一枝迎风傲雪的梅花，苦寒不怕；困难中的微笑，是乘风破浪的水手，风雨兼程。也许人的一生都不能摆脱掉挫折和痛苦的遭遇，但我们若能正确地认识自己的挫折和痛苦，信念不倒，始终努力进取，那么，就能战胜一切苦难。

失败是成功之母

失败对于一个正在努力拼搏的人来说，似乎是横在面前的一道沟。然而，只要能够正确地对待它，就会发觉，失败其实是练就奋飞的翅膀的最好工具，是一个人目标实现前的垫脚石。一再努力尝试，失败就会转化为成功。

对于任何一个在成功路上艰难跋涉的人来说，都不可避免地要遇到失败。就像一个人要生存就必须经历白天和夜晚一样，逆境就等于是黑夜。倘若一个人想要做成大事，就必须要学会正确地对待失败。

一再尝试，终会成功

该亚·博通早年埋头于发明创造，他先是发明了脱水肉饼干，但他的发明却没有给他带来多少好处，相反，更使他在经济上陷入了窘境。有了第一次失败的教训，又经过两年反反复复的实验，他终于又制成了一种新产品——炼乳，并决定把它推向市场。

博通的工厂是由一家车店改造的，租金便宜。在刚开业时，博通每天花费 18 个小时在工厂里指导炼乳的生产方法，监督生产程序，检查卫生清洁情况。由于附近有纯正、营养丰富的牛奶供应，因而炼乳的成本也是比较低廉的。

于是，博通小心地挑选了一位社区领袖作为他的第一位顾客，因为，这位社区领袖对炼乳的意见，会有助于博通巩固新公司以及新产品在该地区的地位，可喜的是这位社区领袖对产品表示了赞赏。但是，由于当时当地顾客的习惯是把掺有水分的牛奶放入一些发酵品，进行蒸馏。他们觉得炼乳稀奇古怪，对它有疑心，所以很少有人问津。博通两次出师不利，甚至到了山穷水尽的地步——他的两位合伙人为此都失去了信心，第一家炼乳厂就这样被迫关闭了。

在失败面前，该亚·博通破釜沉舟，在此基础上又建起了一个新厂，他的不懈努力有了成效，他的第二次尝试终于获得了成功。他的公司在他逝世时，已根深蒂固，在当时已成为美国具有领导地位的炼乳公司。

在博通的墓碑上，写着这样一段墓志铭："我尝试过，但失败了。我一再尝试，终于成功。"这是博通对他自己一生的总结。

我们再看一看保罗的故事。

保罗的父亲留给他一座美丽的森林庄园，他一直为此自豪。可是，不幸发生在一年深秋，一道突然而至的雷电引发了一场山火，无情地烧毁了保罗那一座郁郁葱葱的森林庄园。

悲痛欲绝的保罗决定向银行贷款，以恢复森林庄园往日的勃勃生机。可是，银行拒绝了他的请求。沮丧的保罗茶饭不思地在家里躺了好几天，太太怕他闷出病来，就劝他出去散散心。

心情烦闷的保罗在走到一条街的拐角处时，不经意间看到一家店铺门口前人山人海。走过去方知，原来一些家庭主妇在排队购买用于烤肉和冬季取暖用的木炭。看到那一截截堆在箱子里的木炭，保罗忽然眼前一亮。回到家里后，保罗马上雇了几个炭

工，把庄园里烧焦的树木加工成优质木炭，分装成1000箱，送到集市上的木炭分销店。没过多久，他的木炭就被抢购一空了。保罗在第二年春天的时候购买了一大批树苗，终于，他的森林庄园又恢复了生机。

当遇到困难时，退缩不会使事情有任何进展，但如果把困难当作前行的动力和磨炼意志的垫脚石，往往就能使事情由坏变好，由失败为成功。保罗的事情如果放在其他人的身上，可能就会看作是一个很大的打击，可能还会一蹶不振。然而，保罗却利用失利，一点点重建了自己的庄园。

要让我们的生命不留遗憾，我们就要懂得勇敢去追求。然而，并不是每一次有勇气的行动最后都能改变我们的生活，或者成为我们追求幸福过程中的转折点。但是因为我们不能提前预知风险的影响，所以我们必须勇敢向前，追求我们的希望，而不是因为害怕而退缩。

把失败当成垫脚石

失败对一个人来说并非都是坏事，很多时候，失败是与成功并行的。面对一次次失败时，我们要把失败当成成功的垫脚石，不懈地努力，总有一天会迎来成功。

有一个年轻人，从很小的时候起，他就有一个梦想，希望自己能够成为一名出色的赛车手。他在军队服役的时候，曾开过卡车，这对他的熟练驾驶技术起到了很大的帮助作用。退役之后，他选择到一家农场里开车。在工作之余，他仍一直坚持参加一支业余赛车队的技能训练。只要有机会遇到车赛，他都会想尽一切办法参加。因为得不到好的名次，所以他在赛车上的收入几乎为零，这也使得他欠下一笔数目不小的债务。那一年，他参加了威斯康星州的赛车比赛。当赛程进行到一半多的时候，他的赛车位列第三，他有很大的希望在这次比赛中获得好的名次。突然，他前面那两辆赛车发生了相撞事故，他迅速地转动赛车的方向盘，试图避开他们。但终究因为车速太快未能成功。结果，他撞到车道旁的墙壁上，赛车在燃烧中停了下来。当他被救出来时，手已经被烧伤，鼻子也不见了。体表伤面积达40%。医生给他做了7个小时的手术之后，才使他从死神的手中挣脱出来。经历这次事故，尽管他命保住了，可他的手萎缩得像鸡爪一样。医生告诉他：“以后，你再也不能开车了。”然而，他并没有因此灰心绝望。为了实现那个久远的梦想，他决心再一次为成功付出代价。他接受了一系列植皮手术，为了恢复手指的灵活性，每天他都不停地练习用残余部分去抓木条，有时疼得浑身大汗淋漓，而他仍然坚持着。他始终坚信自己的能力。在做完最后一次手术之后，他回到了农场，换用开推土机的办法使自己的手掌重新磨出老茧，并继续练习赛车。仅仅是在9个月之后，他又重返了赛场！他首先参加了一场公益性的赛车比赛。但没有获胜，因为他的车在中途意外地熄了火。不过，在随后的一次全程321千米的汽车比赛中，他取得了第二名的成绩。

又过了2个月，仍是在上次发生事故的那个赛场上，他满怀信心地驾车驶入赛场。经过一番激烈的角逐，他最终赢得了402千米比赛的冠军。

他，就是美国颇具传奇色彩的伟大赛车手——吉米·哈里波斯。当吉米第一次以冠军的姿态面对热情而疯狂的观众时，他流下了激动的眼泪。一些记者纷纷将他围住，并向他提出一个相同的问题：“你在遭受那次沉重的打击之后，是什么力量使你重新

振作起来的呢?"

　　此时,吉米手中拿着一张此次比赛的招贴图片,上面是一辆赛车迎着朝阳飞驰。他没有回答,只是微笑着用黑色的水笔在图片的背后写上一句凝重的话,把失败写在背面,我相信自己一定能成功! 失败对每个人来说,不是一件可耻、使人抬不起头的事情,相反,一个人人生中最大的光荣,就在于乐观地面对生命。自古以来的伟人,大多是抱着不屈不挠的精神,从逆境中挣扎奋斗过来的。从无数的例子中,我们会看到一个个成功人士在逆境中挣扎前进的脚步。

成功的精彩在于战胜苦难

拿破仑说："人生的光荣不在永不失败，而在于能够屡败屡战。"的确，成功的人不是从未被击倒过，而是在击倒后，还能够再爬起来，继续努力奋进。对人生抱有这种态度，一定会取得好成绩。

人的一生，总有一些不如意、跌倒的时候。跌倒了怎么办呢？爬起来，就这么简单。在儿童时期，我们是在学走路时，一次次跌倒了爬起来再走的过程中长大成人的。对于成年人而言，那么跌倒了更要爬起来。

坚定信念，就有成功的希望

罗伯特和妻子玛丽终于攀到了山顶。站在山顶上眺望，远处的城市中白色的楼群在阳光下变成了一幅画。仰头，蓝天白云，柔风轻吹。两个人高兴得像孩子，手舞足蹈，忘乎所以。对于终日劳碌的他俩，这真是一次难得的旅行。

悲剧正是从这个时候开始的。罗伯特一脚踩空，高大的身躯打了个趔趄，随即向万丈深渊滑去，周围是陡峭的山石，没有抓手的地方。短短的一瞬，玛丽就明白发生了什么事，下意识地，她一口咬住了丈夫的上衣，当时她正蹲在地上拍摄远处的风景。同时她也被惯性带向岩边，在这紧要关头，她抱住了一棵树。

罗伯特悬在空中，玛丽牙关紧咬，你能相信吗？两排洁白细碎的牙齿承担了一个高大魁梧躯体的全部重量。他们像一幅画，定格在蓝天白云大山峭石之间。玛丽的头发像一面旗帜，在风中飘扬。

玛丽不能张口呼救，一小时后，过往的游客救了他们。而这时的玛丽，美丽的牙齿和嘴唇早被血染得鲜红鲜红。有人问玛丽如何能挺那么长时间，玛丽回答："当时，我头脑里只有一个念头：我一松口，罗伯特肯定会死。"

几天之后，这个故事像长了翅膀飞遍了世界各地。

人生的光荣在于能够屡败屡战

当狂风卷起漫天尘沙扑面而来时，我们会本能地伸出双手护住眼睛，不让沙粒弄伤敏感的部位。当困难来临时，我们更应该拿出勇气来迎接它，用我们的智慧和能力来战胜它、消灭它。战胜困难，如同咀嚼一枚青橄榄，虽然心中有股难言的苦痛，但慢慢地，你就会从中品出甘甜来。

我国明代的谈迁用 27 年的时间编成了五百万字的《国榷》初稿，而被贪婪之徒偷走，他忍受这沉重的打击，埋头书案又干十年，再次写成《国榷》的第二稿。之后又经过三年的补充、修改，才最后定稿。可以说谈迁一生为写此书呕心沥血，九死而不悔。

在生活中不断地克服困难、战胜困难，也是对一个人毅力的最大考验，能力的最大体现，更是展示自身价值的最好条件。所以，不必害怕那些所谓的困难，要相信自己，只要去努力，只要不言败，就会有成功的希望。

一个没有信念，或者不坚持信念的人，只能平庸地过一生；

而一个坚持自己信念的人，永远也不会被困难击倒。因为信念的力量是惊人的，它可以改变恶劣的现状，形成令人难以置信的圆满结局。

逆境是成功的一剂催化剂

当我们身处逆境，与现实不兼容，不要一味地怨天尤人，最正确的做法应该是：认清形势，找准位置，不离不弃，适时调整自己的认识、心态和做法，努力适应现实环境，尽快打开不利局面，彻底转被动为主动，让"山穷水尽疑无路"代之以"柳暗花明又一村"。在生活中，每个人都经历过不幸和痛苦。逆境从外表看虽说是件坏事，但逆境是一剂催化剂，能使人变得更加成熟。逆境像一条清洁毛巾，能把我们灰蒙蒙的眼睛擦得亮晶晶。在逆境中，我们能透彻自如地品尝生活中的苦辣酸甜。

只要再坚持一下

在逆境中，很多人常常以为自己走到了生活的尽头，其实，只要再坚持一下，困难就会过去。

唐朝著名学者陆羽，从小就是一个孤儿，被智积禅师抚养长大成人。陆羽虽身在庙中，却不愿终日诵经念佛，而是喜欢吟读诗书。陆羽执意下山求学，却遭到了禅师的反对。禅师为了给陆羽出难题，同时也是为了更好地教育他，便叫他学习冲茶。陆羽在钻研茶艺的过程中，遇到了很多困难，很多次都没有成功，这使他很难过，但是他没有放弃自己的目标，更没有放弃学习冲茶。

经过多次的实验，陆羽终于学会了复杂的冲茶的技巧，更学会了很多读书和做人的道理。当陆羽最终将一杯热气腾腾的苦丁茶端到禅师面前时，禅师终于答应了他下山读书的要求。后来，陆羽撰写出了广为流传的《茶经》，同时也把中国的茶艺文化发扬光大。

陈平是我国西汉时的名相。陈平少时家中极贫，与哥哥相依为命。为了秉承父命，光耀门庭，陈平不事生产，闭门读书，却为他的大嫂所不容。为了缓和与大嫂的矛盾，面对其一再羞辱，陈平始终隐忍不发，伴随着大嫂的变本加厉，陈平实在忍无可忍，于是离家，浪迹天涯。一天，有一位老者，被陈平的求学精神所感动。他慕名前来，免费收陈平为徒并且授课于他。经过一番周折和磨难后，陈平终于学有所成，他辅佐刘邦，成就了一番霸业。

我们再来看一下安徒生的故事。

安徒生，丹麦作家。1805 年，安徒生诞生在丹麦奥登塞镇的一座破阁楼上。他的父亲是个鞋匠，但很早就去世了，他们全家只能靠他的母亲给人洗衣服维持生活。

安徒生虽然过着十分贫穷的生活，但他却有着自己远大的理想。刚开始，他决心当一名演员，在他 14 岁时，他离别了故乡和亲人，独自来到首都哥本哈根。他克服了生活上的重重困难，以坚强的毅力学习文化知识。起初，他想学习舞蹈和演戏，却遭到了拒绝，后来被一位音乐学校的教授收留，学习唱歌。可是第二年冬天，因为他没有钱买衣服和鞋子，不断地感冒、咳嗽，他的嗓音嘶哑了，安徒生只好离开了音乐学校。但他从事艺术事业的顽强意志毫不动摇，他便又下决心开始了自己的文学创作之路。

那时，他住在一间旧房子的顶楼上，没日没夜地练习写作。经过十几年的辛苦耕耘，他终于踏入了文坛。从 30 岁开始，安徒生专心从事儿童文学创作，他一生中共写了 168 篇童话故事。其中有我们所熟知的《丑小鸭》《皇帝的新装》《卖火柴的小女孩》《夜莺》和《豌豆上的公主》等。

上面这些有成就的人，他们的命运都是极为坎坷的，但是他们并没有因此就在逆境中倒下了，而是在逆境中努力地坚持了过来。风雨过后，就有彩虹，他们都实现了自己的愿望，成为不平凡的人。

困难是一种动力

当遇到逆境时，我们不应怀疑自己的能力，而要学会在逆境中努力坚持下去。我们要对自己说："困难在我心中，一定要让它出去。"挺住，再挺住，即便是我们几经挫折、哑口无言、结结巴巴、嘘声不断、遭人轰赶，也要坚持奋争，直到胜利。

踏出逆境的泥滩，就能走上坦途，迎来新的生活和阳光。在逆境中坚持到最后，就会反败为胜，成为一个不平凡的人。

球王贝利成名后，有个记者采访他："您的儿子以后是否也会同你一样，成为一代球王呢？"贝利回答："不会。因为他与我的生活环境不同。我童年时的生活环境十分差，但我却正是在这种恶劣的环境中磨炼出我坚强的斗志，使我有条件成为球王；而他生活安逸，没有经受困难的磨炼，他不可能成为球王。"困难是压力，但也是一种动力。困难就像弹簧，你软它就硬，你硬它投降。在逆境面前，只有正视逆境，直面逆境，不怕逆境，与逆境做顽强的抗争，并且能以坚忍不拔的毅力，在逆境中坚持下去，才会在坚持到底后取得成功。

　　太阳不是每天都时时照耀着大地，果树也不是每年都结果，有光明就会有黑暗，这就是我们所面对的现实生活。即使是那些伟人也会遭受挫折，任何一项发明也都是经过几百次、上千次的失败才成功的。

一分耕耘，一分收获

当我们羡慕别人的成功时，我们应该马上问一问自己："我的付出比他多吗？"没有付出，就不会有收获。我们付出的比别人多，将来才能收获的比别人多。成功就是比别人多付出一些——别人拿出 100% 的努力，我们就要拿出 150% 的努力。

每个人都希望自己的梦想能成为现实，能取得非凡的成绩，可是却很少有人去了解成功的背后都蕴含着什么。当看到奥运会上体育健儿站在领奖台上的时候，当看到明星们在银幕上光彩亮丽的一面的时候……我们也许看到了他们成功时的喜悦，然而，他们在成功的背后付出的艰辛汗水，却是常人无法看到的。

一个永恒的法则

几分汗水，几分收获。在我们身边有这样一个永恒的法则：你付出得越多，收获的就越多；尤其是对于想获得荣誉和成绩的人来说，更是没有什么别的选择。一个人只有不懈地努力，不断地学习，不停地付出，才能得到常人得不到的成绩。

伟大的成功从来都不是偶然的，它永远属于那些用一生的血汗乃至生命去拼搏的人。我们往往容易过多地乞求成功的辉煌而忽视奋斗和付出的艰辛过程，其实，世界上没有白捡的便宜，俗话说"种瓜得瓜，种豆得豆"，就是这个道理。

成功是要付出代价的，特别是别人做不到的事情，我们想要比别人做得好，就必须付出比别人更多的辛苦和努力。

一所大学的某个班级的同学，在 10 年后举行了一次聚会。

当年一个课堂里听讲的学子，在 10 后的聚会时都有了很大的差别：有的位居处长、局长，有的成了博士、教授、作家或老总；也有的下岗分流，给私人小老板打工，还有的赔本欠债。有几个人不甘心，于是，就去请教当年的班主任。

老师只是一笑，然后出了一道题："10 减 9 等于几?"老师见学生一个个直眉瞪眼的，便说："你们当初毕业的时候，差距也就是 10 分与 9 分，不大，但是，这以后，有的人继续十分的努力，毫不松懈，10 年下来，他得取得多大的成绩? 如果你还是九分八分地干，甚至四分五分地混，10 年下来，你得拉下多大的距离?"

几个学生顿时恍然大悟，羞愧难当。

的确，只有比别人付出更多的努力，并且一直坚持到底，才能比别人优秀，才能先于别人取得成绩。

你的付出比别人多吗

在为前程而努力奋斗的过程中，我们比别人多付出几分努力，就意味着比别人多积累几分资本，意味着比别人多显露一份才华，意味着比别人多献出一份美德，意味着比别人多创造出一次成功的机会。

司马光自幼勤奋好学，由于他自觉得记忆力不足，所以他读书时格外用功。平日，教他们的老先生每次讲完课后，都要让学生们温习功课。别的孩子读几遍就合上了书本，出外玩了。而司马光则不然，总要一个人留在教室里，放下窗帘，一遍又一遍地

琅琅诵读课文，反复思考揣摩，直到深刻地领会了文章的意思方肯罢休。

司马光做官后，尽管公务繁忙，还能利用点滴时间多读深思。即使在去一些地方视察途中，他也坚持在马背上背诵诗文。他通过长期的刻苦攻读和乐于思考，终于成了一位学富五车、著述颇上的大家。

不仅如此。而且他笔下的《资治通鉴》也是他总结的这条经验的明证。《资治通鉴》是一部规模宏大的编年史。此书不仅在过去的一千多年起过很好的作用，而且在今天依然不失它的史学价值，即使将来，它也会熠熠生辉。

付出、创造、这是生命意义的最重要的体现方式。如果你总是感觉生活无聊，自己活得没意义，那么，试着去发现，看看你用什么方式可以让自己生活得更好，当你找到了，那么，你就找到了生活的意义及实现你价值的途径。"用力多者收功远"，历来如此。"没有超人的付出，就没有超人的成绩。"

所有的成长都在我们的付出之中，只有诚心付出，你的人生才有意义。一颗自私之心只能让一个人的世界限定在自己的范围内，敞开心扉，用自己的努力帮助身边的人，这才是人生最大的收获。